JN160496

一般化線

汪　金芳［著］

朝倉書店

まえがき

時は 1875 年．チャールズ・ダーウィンの従弟であるフランシス・ゴルトンが，スイートピーの遺伝形質を調べるため 7 人の友人にそれぞれ 1 個ずつ小包を渡していた．これらの小包には重量が一様になるようにスイートピーの種が入っていた．友人たちは種を植え，次世代のスイートピーを収穫し，またそれらをゴルトンに返した．ゴルトンは親スイートピーの種の重さと子スイートピーの種の重さの散布図を描き，異なる種類から誕生した次世代の種類の重さの中央値は，傾きが約 1 未満の直線上に乗っていることを発見した．これが統計学における回帰分析の始まりとされる (Pearson, 1930).

ゴルトンの発見から約 1 世紀の時間が流れた．1972 年にネルダーとウェダーバーンが一般化線形モデル (GLM) の発表を行った (Nelder and Wedderburn, 1972)．GLM はそれまで孤立していた種々の回帰モデルを 1 つの枠組みに収め，従属変数の分布を正規分布という「緊箍児」から解き放った．それだけではない．説明変数が従属変数に与える影響の探索に，豊かな連結関数を通して多彩な可能性を与えた．さらに，GLM では反復加重最小 2 乗法の適用により最尤推定量を求めるため，それまでに必要としていたニュートン・ラフソン法も一蹴したのである．これは計算機メモリの劇的節約にも直結し，パーソナルコンピュータの性能が十分ではなかった時代にきわめて大きな意味をもっていた．1974 年にネルダーは英国王立統計協会と世界最古の農業試験場と言われるローザムステッド農業試験場の支援を受け，GLM を実行するためのソフトである GLIM を開発した．当時最もよく使われる本格的統計ソフトの 1 つとして，GLIM の評判はたちまち世界中に広まりを見せた．

一般化線形モデルの誕生は統計学の歴史上における革命的な出来事である．

本書は一般化線形モデルの理論と応用のコンパクトな解説を目指した入門的テキストである．統計学に関する基本的知識があれば読めるように努めた．予備知識として1冊の教科書を挙げることは難しいが，あえて挙げるのなら本シリーズの『応用をめざす数理統計学』(国友, 2015) を勧めたい．マクローとネルダーが著した *Generalized Linear Models* (McCullagh and Nelder, 1989) はこの分野の標準的テキストである．本書の理論的部分はかなりこのテキストを参考にした．一方，1990年代以降計算機環境が飛躍的に進歩し，統計学の理論もこれに伴って目覚ましい進展を遂げ続けてきた．特筆すべきことは，統計学とその周辺科学におけるベイズ主義の旋風が巻き起こっていることである．一般化線形モデルに対してもさまざまなベイズ的拡張がなされている．本書の第5章ではベイズ推測の考え方を初学者向けにできるだけ丁寧に解説し，Rを用いて実際のデータ解析例を取り入れながら，ベイズ線形モデルを中心に一般化線形モデルのベイズ的拡張についての解説を試みた．この章の執筆には離散データ解析の分野で名高いアグレスティ教授の近著 (Agresti, 2015) が大変参考になった．

本書の内容は以下の通りである．一般化線形モデルを俯瞰した後 (第1章)，一般化線形モデルのクラスに含まれる，線形モデル (第2章)，ロジスティック回帰モデル (第3章)，対数線形モデル (第4章)，という最も基本的で重要なモデルに焦点を当てた．第5章は一般化線形モデルのベイズ的拡張の解説である．第6章はデータ解析の実践編である．この章では新しい方法論の解説はなく，リーディング障害をもつ人のための同時多感覚教授法の効果の有無について，一般化線形モデルの適用をはじめとして，さまざまな観点からフリーソフトウェアRを用いたデータ解析を行っている．この章の執筆に際して，ハワイ大学のKathy Ferguson教授や国際ディスレクシア協会ハワイ支部のMargaret Higa氏とLeila Lee氏との討論が大変有益であった．

フリーウェアRが非常に普及していることを踏まえ，本書はRを用いて多くのデータ解析の例を取り入れた．同時多感覚教授法のように一部の例においては，単純なソフトウェアの使い方を超えて，データ解析の詳細まで深く検討しているものもある．これらの点は本書の1つの特長と言える．なお，解析に使用したデータは朝倉書店ウェブサイト (http://www.asakura.co.jp) の本書サポートページから入手できる.

これまで多くの統計学の指導者たちとの出会い，長年にわたる激励やご指導がなければ，この本の執筆に至ることはなかった.「あとがき」でも筆者と一般化線形モデルとの出会いなどについて触れるが，まず本書の執筆を直接勧めてくださった竹村彰通教授 (滋賀大学データサイエンス教育研究推進室長) に深く御礼申し上げたい. この本の執筆を通して筆者自身の一般化線形モデルについての理解を一段と深めることができた.

最後に，この原稿の一部を校閲してくださった南京電子工程研究所の湯毅平さん，千葉大学大学院の金健君，下山周悟君，山口龍太郎君から誤字脱字を含めて多くの指摘をいただいた. 深く御礼申し上げたい. 朝倉書店編集部にも大変お世話になった. なかなか筆が進まなかった著者を辛抱強く激励し，脱稿まで温かく見守ってくださったことに謝意を表したい.

2016 年 7 月

汪　金芳

目　　次

1. 一般化線形モデル ………… 1
1.1 一般化線形モデルの概要 ………… 1
1.2 指数分布族 ………… 2
1.3 最 尤 推 定 ………… 4
1.4 仮 説 検 定 ………… 5
1.4.1 ワルド検定 ………… 5
1.4.2 尤度比検定と逸脱度 ………… 5
1.5 一般化線形モデルの例 ………… 7
1.5.1 ロジスティック回帰 ………… 7
1.5.2 ポアソン回帰 ………… 9

2. 線形モデル ………… 12
2.1 線形モデルと正規分布の仮定 ………… 12
2.2 線形モデルの非ランダムな部分 ………… 14
2.3 線形予測子の表記法 ………… 17
2.4 パラメータの推定 ………… 18
2.5 変 数 選 択 ………… 24
2.6 事例研究：スコットランド・ヒル・ランニング ………… 24
2.6.1 スコットランド・ヒル・ランニング ………… 24
2.6.2 R による線形モデルの適用 ………… 27
2.6.3 R による回帰診断 ………… 36

3. 2 値データの解析 ………… 44
3.1 2 項 分 布 ………… 44
3.2 ロジスティック回帰モデル ………… 46
3.3 パラメータの最尤推定 ………… 50
3.3.1 最尤推定量の偏りと分散 ………… 53
3.4 逸 脱 度 ………… 53
3.5 スパースデータ ………… 55
3.6 過 分 散 ………… 56
3.7 外 挿 ………… 59
3.8 事例研究 1：異文化感受性データ ………… 60
3.9 事例研究 2：客船タイタニックの遭難データ ………… 69
3.9.1 客船タイタニックの遭難データ ………… 69
3.9.2 データの要約 ………… 71
3.9.3 ロジスティック回帰分析 ………… 73

4. 対数線形モデル ………… 81
4.1 ポアソン分布 ………… 81
4.2 過 分 散 ………… 83
4.3 漸 近 理 論 ………… 84
4.4 線形モデルと多項反応モデル ………… 85
4.5 多項反応モデル ………… 87
4.6 反応変数が多次元の場合 ………… 89
4.7 擬 似 尤 度 ………… 90
4.7.1 観測値が独立な場合 ………… 90
4.7.2 観測値が従属な場合 ………… 93
4.8 事例研究 1：衛星雄カブトガニ・データ ………… 94
4.8.1 雌カブトガニの産卵と衛星雄カブトガニ ………… 94
4.8.2 ポアソン対数線形モデル ………… 98
4.8.3 負の 2 項分布モデル ………… 101
4.9 事例研究 2：国民医療費支出実態調査データ ………… 106

4.9.1　アメリカ国民医療費支出実態調査データ……106
4.9.2　ポアソン対数線形モデル……108
4.9.3　負の2項分布モデル……111
4.10　ゼロ過剰ポアソンモデル……114
4.10.1　ゼロ過剰ポアソンモデルとは……114
4.10.2　数　値　例……115
4.10.3　事例研究：キャンプ客の魚釣りデータ……120

5.　ベイズ流一般化線形モデル……124
5.1　ベイズ推論の基本的考え方……124
5.2　マルコフ連鎖モンテカルロ法……130
5.3　de Finetti の定理と交換可能性……133
5.4　ベイズ推論 vs. 頻度論……138
5.5　ベイズ流モデル検査……140
5.6　ベイズ流線形モデル……145
5.6.1　正規分布の平均のベイズ推定……146
5.6.2　より一般的なベイズ流線形モデル……147
5.6.3　ベイズ流一元配置分散分析……149
5.6.4　分散が未知の場合……150
5.6.5　非正則事前分布と頻度論との接点……153
5.7　R を用いたベイズ流線形モデルの解析例……155
5.8　ベイズ流一般化線形モデル……164

6.　事例研究：同時多感覚教授法の効果……175
6.1　普遍的現象としてのリーディング障害……175
6.2　同時多感覚教授法……176
6.3　フロリダ州のある公立高校での研究……177
6.4　基本統計量……179
6.5　線形モデル……181
6.6　主成分分析……187

6.7 判 別 分 析 …… 192
6.8 ロジスティック回帰分析 …… 193

あとがき …… 202
参考文献 …… 203
索 引 …… 207

Chapter 1

一般化線形モデル

本章では一般化線形モデルとは何かを簡潔に述べる．ここで述べた内容を第 2 章以降でより詳しく展開する．

1.1　一般化線形モデルの概要

一般化線形モデル (generalized linear model; GLM) は線形モデルの拡張として，Nelder and Wedderburn (1972) によって提案されたもので，線形回帰モデルや対数線形モデル，ロジスティックモデルなどを拡張統合したものである．GLM は次の 3 つの部分に分解して見ることができる．

一般化線形モデルの 3 要素

1) **(指数分布族)** 説明変数が与えられたときの反応変数は，理論上良い性質をもつ指数分布族に従うと仮定される．正規分布，2 項分布，ポアソン分布などが最もよく使われる．

2) **(線形予測子)** 説明変数は線形的にモデルに関与するとして，線形予測子を説明変数の線形結合として次のように定義する．

$$\eta_i = \alpha + \beta_1 x_{i1} + \beta_2 x_{i2} + \cdots + \beta_k x_{ik}$$

3) **(連結関数)** 線形予測子は反応変数の平均 $\mu_i = E(Y_i)$ の関数

$$g(\mu_i) = \eta_i = \alpha + \beta_1 x_{i1} + \beta_2 x_{i2} + \cdots + \beta_k x_{ik}$$

と仮定される．線形予測子と平均の関係を規定する関数 $g(\cdot)$ は，連結関数と呼ばれ，通常滑らかで単調性をもつと仮定する．

1.2 指数分布族

ここで，まずGLMで仮定される指数分布族についての考察を与えよう．

正規分布，2項分布，ポアソン分布，ガンマ分布などの実用上重要な多くの確率分布は，以下のような指数分布族と呼ばれるものにより統一的に表現することができる．

$$p(y;\theta,\phi)=\exp\left\{\frac{y\theta-b(\theta)}{a(\phi)}+c(y,\phi)\right\} \tag{1.1}$$

指数分布族の定義式 (1.1) をより詳しく見てみよう．

- 反応変数 Y が離散型の場合，$p(y;\theta,\phi)$ は Y の確率関数を表し，連続型の場合は Y の確率密度関数を表している．θ と ϕ は通常未知の母数である．
- $a(\cdot)$, $b(\cdot)$, $c(\cdot)$ は，それぞれ既知の関数で，分布によって異なる形をとる．
- $\phi>0$ は拡散母数 (dispersion parameter) と呼ばれ，分布によって定数の場合もあるが，通常未知であり，しばしば推定する必要がある．
- θ は正準母数 (canonical parameter) と呼ばれるものであり，$\mu=E(Y)$ を反応変数 Y の期待値とすると，$\theta=g_c(\mu)$ と書くことができる．$g_c(\cdot)$ は正準連結関数 (canonical link function) と呼ばれ，拡散母数 ϕ に依存しない．

確率 (密度) 関数の性質により，指数分布族 (1.1) に関する次の性質が導かれる．

$$b'(\theta)=\mu \tag{1.2}$$

$$V(Y)=a(\phi)b''(\theta) \tag{1.3}$$

ただし，$b'(\theta)=d\,b(\theta)/d\theta, b''(\theta)=d^2\,b(\theta)/d\theta^2$ はそれぞれ θ についての1階微分と2階微分を表す．(1.2) 式より，$b'(\theta)$ は正準連結関数の逆関数であることがわかる．表1.1では代表的な確率分布における関数 $a(\cdot)$, $b(\cdot)$, $c(\cdot)$ を示している．

表 1.1 代表的な確率分布における関数 $a(\cdot)$, $b(\cdot)$, $c(\cdot)$ の形

分布	$a(\phi)$	$b(\theta)$	$c(y,\phi)$
正規分布	ϕ	$\theta^2/2$	$-\frac{1}{2}\left\{y^2/\phi+\log(2\pi\phi)\right\}$
2 項分布	$1/n$	$\log(1+e^\theta)$	$\binom{n}{ny}$
ポアソン分布	1	e^θ	$-\log y!$
ガンマ分布	ϕ	$-\log(-\theta)$	$\phi^{-2}\log(y/\phi)-\log y-\log\Gamma(\phi^{-1})$
逆正規分布	ϕ	$-\sqrt{-2\theta}$	$-\frac{1}{2}\left\{\log(\pi\phi y^3)+1/(\phi y)\right\}$

例 1.1 **正規分布**　平均 μ, 分散 σ^2 の正規分布 $N(\mu,\sigma^2)$ は指数分布族の例であり，その密度関数は次のように変形することができる．

$$p(y;\theta,\phi)=\exp\left[\frac{y\theta-\theta^2/2}{\phi}-\frac{1}{2}\left\{\frac{y^2}{\phi}+\log(2\pi\phi)\right\}\right]$$

ただし $\theta=\mu$, $\phi=\sigma^2$, $a(\phi)=\phi$, $b(\theta)=\theta^2/2$, $c(y,\phi)=-\frac{1}{2}\{y^2/\phi+\log(2\pi\phi)\}$ である．また

$$b'(\theta)=\frac{d(\theta^2/2)}{d\theta}=\theta=\mu$$
$$a(\phi)b''(\theta)=\phi\times 1=\sigma^2$$

となることも容易に確認できる．

例 1.2 **2 項分布**　'成功' 確率が μ であるベルヌーイ試行を n 回独立に繰り返し，'成功' 割合を Y とする．このとき，nY は 2 項分布 $\mathrm{Bi}(n,\mu)$ に従い，Y の確率関数は

$$p(y;\theta,\phi)=\exp\left\{\frac{y\theta-\log(1+e^\theta)}{1/n}+\log\binom{n}{ny}\right\}$$

と表現できることから，2 項分布は指数分布族に属する．ただし，$\theta=\log\{\mu/(1-\mu)\}$, $\phi=1, a(\phi)=1/n$, $b(\theta)=\log(1+e^\theta)$, $c(y,\phi)=\log\binom{n}{ny}$ である．また

$$b'(\theta)=\frac{d\left\{\log(1+e^\theta)\right\}}{d\theta}=\frac{e^\theta}{1+e^\theta}=\mu$$
$$a(\phi)b''(\theta)=\frac{1}{n}\times\left\{\frac{e^\theta}{1+e^\theta}-\left(\frac{e^\theta}{1+e^\theta}\right)^2\right\}=\frac{\mu(1-\mu)}{n}$$

が成り立つことも確認できる．

1.3 最尤推定

一般化線形モデルの枠組みで，反復加重最小 2 乗法 (iteratively reweighted least squares; IRLS) という統一的なアルゴリズムを適用し，最尤推定量を求めることができる．$\widehat{\beta}$ を β の適当な推定量とし，線形予測子を $\widehat{\eta} = \boldsymbol{x}'\widehat{\beta}$ とすると，平均の当てはめ値 $\widehat{\mu} = g^{-1}(\widehat{\eta})$ と計算できる．ただし，$\boldsymbol{x}'$ は $\boldsymbol{x}$ の転置を表す．これらの値に基づいて次のように作業従属変数 (working dependent variable)

$$z = \widehat{\eta} + (y - \widehat{\mu})\left.\frac{d\eta}{d\mu}\right|_{\beta=\widehat{\beta}}$$

を計算する．続いて重み関数

$$w = p\left\{b''(\theta)\left(\frac{d\eta}{d\mu}\right)^2\right\}^{-1}$$

を計算する．ただし，全ての値は $\widehat{\beta}$ で計算され，また $a(\phi) = \phi/p$ と仮定した．この重みは z の分散と反比例していることに注意する．これらの値に基づいて，z_i を被説明変数，$\boldsymbol{x}_i$ を説明変数として，β の重み付き最小 2 乗推定量 (weighted least-squares estimate)

$$\widehat{\boldsymbol{\beta}} = \left(\boldsymbol{X}'\boldsymbol{W}\boldsymbol{X}\right)^{-1}\boldsymbol{X}'\boldsymbol{W}\boldsymbol{z}$$

を得る．ただし，$\boldsymbol{X}$ はモデル行列，$\boldsymbol{W}$ は w_i を対角要素とする対角行列で，$\boldsymbol{z}$ は反応変数 z_i を成分とするベクトルである．このアルゴリズムはフィッシャーのスコア法 (Fisher scoring) と同値であり，最尤推定量への収束が保証されている (McCullagh and Nelder (1989) を参照)．

例 1.3　**正規分布**　恒等連結関数 $\eta_i = \mu_i$ に対して，$d\eta_i/d\mu_i = 1$ であり，作業従属変数 $z_i = y_i$ となる．さらに，$b''(\theta) = 1, p = 1$ で，重みは定数となり，繰り返しは必要としない．

1.4 仮 説 検 定

1.4.1 ワルド検定

GLM におけるフィッシャー情報行列 (information matrix) が

$$I(\boldsymbol{\beta}) = \frac{\boldsymbol{X}'\boldsymbol{W}\boldsymbol{X}}{\phi}$$

となることを簡単に確認できる．標本サイズが大きくなっていくとき，$I(\boldsymbol{\beta})$ の固有値も大きくなっていけば，最尤推定量における通常の漸近的結果を適用することができる．特に，最尤推定量 $\widehat{\boldsymbol{\beta}}$ の漸近分布は次の多変量正規分布

$$\widehat{\boldsymbol{\beta}} \sim N_p\left(\boldsymbol{\beta}, \left(\boldsymbol{X}'\boldsymbol{W}\boldsymbol{X}\right)^{-1}\phi\right)$$

となることが知られている．最尤推定量の漸近正規性を利用して種々の検定を行うことができる．例えば，$\boldsymbol{\beta}$ の成分に関する検定は対応する周辺正規分布に基づいて行うことができる．このような漸近正規分布に基づく検定法はワルド検定 (Wald test) と呼ばれている．

例 1.4 正規分布　連結関数が恒等関数の場合, $\boldsymbol{W} = \boldsymbol{I}$ (単位行列) , $\phi = \sigma^2$, $\widehat{\boldsymbol{\beta}}$ の正確な分布は平均 $\boldsymbol{\beta}$，分散共分散行列 $\left(\boldsymbol{X}'\boldsymbol{X}\right)'\sigma^2$ の正規分布に従う．

1.4.2 尤度比検定と逸脱度

ω を関心のあるモデルとし，Ω を飽和モデル (saturated model) とする．飽和モデルにおいては，観測値と同じ数の母数がモデルに含まれる．

モデル ω における当てはめ値を $\widehat{\mu}_i$ とする．$\widehat{\theta}_i$ を対応する正準母数の推定量とする．一方，$\widetilde{\mu}_i = y_i$, $\widetilde{\theta}$ を飽和モデルにおける対応する値とする．このとき，指数分布族の下での 2 つのモデルを比較するための尤度比 (likelihood ratio) 基準は以下のようになる．

$$-2\log\lambda = 2\sum_{i=1}^{n}\frac{y_i(\widetilde{\theta}_i - \widehat{\theta}_i) - b(\widetilde{\theta}_i) + b(\widehat{\theta}_i)}{a_i(\phi)}$$

ここで，$a_i(\phi) = \phi/p_i$ と仮定すると，尤度比基準は次のように書くことができる．

$$-2\log\lambda = \frac{D(\boldsymbol{y}, \widehat{\boldsymbol{\mu}})}{\phi}$$

上の式において，分子は逸脱度 (deviance) と呼ばれるものであり，これを詳しく書くと，次のようになる

$$D(\boldsymbol{y}, \widehat{\boldsymbol{\mu}}) = 2\sum_{i=1}^{n} p_i \left\{ y_i(\widetilde{\theta}_i - \widehat{\theta}_i) - b(\widetilde{\theta}_i) + b(\widehat{\theta}_i) \right\}$$

尤度比基準 $-2\log\lambda$ は逸脱度を拡散母数で割ったものとなっており，伸縮逸脱度 (scaled deviance) と呼ばれることがある．

例 1.5 **正規分布** $\theta_i = \mu_i$, $b(\theta_i) = \theta_i^2/2$, $a_i(\phi) = \sigma^2$ となる．事前重み (prior weight) $p_i = 1$ とすると，逸脱度は次のように計算できる．

$$\begin{aligned} D(\boldsymbol{y}, \widehat{\boldsymbol{\mu}}) &= 2\sum_{i=1}^{n} \left\{ y_i(y_i - \widehat{\mu}_i) - \frac{1}{2}y_i^2 + \frac{1}{2}\widehat{\mu}_i^2 \right\} \\ &= 2\sum_{i=1}^{n} \left(\frac{1}{2}y_i^2 - y_i\widehat{\mu}_i^2 + \frac{1}{2}\widehat{\mu}_i^2 \right) \\ &= \sum_{i=1}^{n} (y_i - \widehat{\mu}_i)^2 \end{aligned}$$

これは残差平方和 (residual sum of squares; RSS) に他ならない．

さて，2 つのモデルの比較の問題を考えよう．ω_1 は p_1 個の母数を含み，ω_2 は p_2 個の母数を含み，また，ω_1 は ω_2 に含まれている状況を考える．すなわち，$\omega_1 \subset \omega_2$, $p_1 \leq p_2$ という状況である．このとき，飽和モデルがキャンセルできることから，それぞれのモデルの下での最大尤度の比の対数は，逸脱度の差で表現できることが容易にわかる．すなわち，

$$-2\log\lambda = \frac{D(\omega_1) - D(\omega_2)}{\phi}$$

ただし，ϕ が未知のときはより大きいモデル ω_2 の下で推定される．適当な正則条件の下で，$-2\log\lambda$ は漸近的に自由度 $\nu = p_2 - p_1$ の χ^2 分布に従うことが知られている．

例 1.6　**正規分布**　拡散母数 ϕ をより大きいモデルにおける残差平方和を用いて推定した場合,

$$-2\log\lambda = \frac{\mathrm{RSS}(\omega_1) - \mathrm{RSS}(\omega_2)}{\mathrm{RSS}(\omega_2)/(n-p_2)}$$

となる．正規分布の仮定の下で，$-2\log\lambda$ を $p_2 - p_1$ で割ったものが自由度 $(p_2 - p_1, n - p_2)$ の F 分布に従う．標本数 n が限りなく大きくなっていくと，$F(p_2 - p_1, n - p_2)$ は $(p_2 - p_1)\chi^2$ に収束することになり，漸近的結果と正確な結果が一致する．

1.5　一般化線形モデルの例

ここで 2 値データの解析におけるロジスティック回帰モデルと，計数データの解析に多用されるポアソン分布に基づく対数線形モデルの概略について説明しよう．

1.5.1　ロジスティック回帰

病気の有無や生存死亡など，従属変数が 2 つのカテゴリに属する場合がしばしばある．このようなデータの解析にはロジスティック回帰モデルが標準的に用いられている．まず 2 項分布 $\mathrm{Bi}(n_i, \pi_i)$ について述べよう．確率関数は次のようになる．

$$f_i(y_i) = \binom{n_i}{y_i}\pi_i^{y_i}(1-\pi_i)^{n_i-y_i}$$

このとき，対数尤度は次のように整理することができる．

$$\begin{aligned}\log f_i(y_i) &= y_i\log\pi_i + (n_i - y_i)\log(1-\pi_i) + \log\binom{n_i}{y_i} \\ &= y_i\log\frac{\pi_i}{1-\pi_i} + n_i\log(1-\pi_i) + \log\binom{n_i}{y_i} \\ &= \frac{y_i\theta_i - b(\theta_i)}{a_i(\phi)} + c(y_i, \phi)\end{aligned}$$

ただし，$\theta_i = \log \pi_i/(1-\pi_i)$ で，キュミュラント母関数 (cumulant generating function) $b(\theta_i)$ は，次のように書ける．

$$b(\theta_i) = n_i \log\left(1 + e^{\theta_i}\right)$$

この場合，$c(y_i, \phi) = \log \binom{n_i}{y_i}$, $a_i(\phi) = \phi$, $\phi = 1$ であり，また

$$\mu_i = b'(\theta_i) = n_i \frac{e^{\theta_i}}{1 + e^{\theta_i}} = n_i \pi_i$$

となる．さらに $b(\theta_i)$ を 2 回微分することにより，分散が求められる．

$$v_i = a_i(\phi) b''(\theta_i) = n_i \frac{e^{\theta_i}}{(1 + e^{\theta_i})^2} = n_i \pi_i (1 - \pi_i)$$

この場合のフィッシャーのスコア法の形を見てみよう．今の場合，

$$\begin{aligned} \eta_i &= \operatorname{logit}(\pi_i) \\ &= \log \frac{\pi_i}{1 - \pi_i} = \log \frac{\mu_i}{n_i - \mu_i} \\ &= \log(\mu_i) - \log(n_i - \mu_i) \end{aligned}$$

したがって，

$$\frac{d\eta_i}{d\mu_i} = \frac{1}{\mu_i} + \frac{1}{n_i - \mu_i} = \frac{n_i}{\mu_i(n_i - \mu_i)} = \frac{1}{n_i \pi_i (1 - \pi_i)}$$

この場合の作業変数は

$$\begin{aligned} z_i &= \eta_i + (y_i - \mu_i) \frac{d\eta_i}{d\mu_i} \\ &= \eta_i + \frac{y_i - n_i \pi_i}{n_i \pi_i (1 - \pi_i)} \end{aligned}$$

したがって，反復重みは次のようになる．

$$\begin{aligned} w_i &= \left\{ b''(\theta_i) \left(\frac{d\eta_i}{d\mu_i} \right)^2 \right\}^{-1} \\ &= \frac{1}{n_i \pi_i (1 - \pi_i)} \{ n_i \pi_i (1 - \pi_i) \}^2 \\ &= n_i \pi_i (1 - \pi_i) \end{aligned}$$

次に逸脱度を計算してみよう．$\widehat{\mu}_i$ を仮定したモデルにおける μ_i の最尤推定量，$\widetilde{\mu}_i = y_i$ を飽和モデルの下での最尤推定量とすると，逸脱度は次のように

計算できる.

$$D = 2\sum \left\{ y_i \log \frac{y_i}{n_i} + (n_i - y_i) \log \frac{n_i - y_i}{n_i} \right.$$
$$\left. - y_i \log \frac{\widehat{\mu}_i}{n_i} - (n_i - y_i) \log \frac{n_i - \widehat{\mu}_i}{n_i} \right\}$$
$$= 2\sum \left\{ y_i \log \frac{y_i}{\widehat{\mu}_i} + (n_i - y_i) \log \frac{n_i - y_i}{n_i - \widehat{\mu}_i} \right\}$$

2 項分布の逸脱度は

$$D = 2\sum o_i \log \frac{o_i}{e_i}$$

の形に書き直すことができる. ただし, o_i は観測値, e_i は仮定したモデルの下で期待される値 (予測値), $\sum$ は '成功' と '失敗' の両方について和をとっている. Cochran (1950) によれば, 期待度数 ($\widehat{\mu}_i$ と $n_i - \widehat{\mu}_i$ の両方) が全て 1 を超え, さらに少なくとも, 80% の度数が 5 を超えるとき, 漸近 χ^2 分布の精度は比較的に良いという経験則が知られている.

1.5.2　ポアソン回帰

非負の整数値をとるデータを計数データという. 計数データに対してポアソン分布の想定が適切な場合, ポアソン分布に基づく対数線形モデルが標準的なモデルとなる. ポアソン確率変数は次の確率関数をもつ.

$$f_i(y_i) = \frac{e^{-\mu_i} \mu_i^{y_i}}{y_i!}, \quad i = 0, 1, 2, \ldots \tag{1.4}$$

ポアソン分布の平均と分散は

$$E(Y_i) = \mathrm{Var}(Y_i) = \mu_i$$

となる. ポアソン分布が指数分布族に属することを確認しよう.

$$\log f_i(y_i) = y_i \log \mu_i - \mu_i - \log y_1!$$

このとき, $\theta_i = \log \mu_i$ が正準母数となる. $\mu_i = e^{\theta_i}$ となることから, $b(\theta_i) = e^{\theta_i}$, $c(y_i, \phi) = -\log y_i!$ となる. 2 項分布の場合と同様に, $a_i(\phi) = \phi$, $\phi = 1$ である. キュミュラント母関数を 1 回微分すると

$$\mu_i = b'(\theta_i) = e^{\theta_i}$$

となり，平均が求められる．キュミュラント母関数を再度微分すると，

$$v_i = a_i(\phi)b''(\theta_i) = e^{\theta_i} = \mu_i$$

となり，分散が求められる．次にフィッシャーのスコアリングアルゴリズムについて考えよう．$\eta_i = \log(\mu_i)$ となることから，

$$\frac{d\eta_i}{d\mu_i} = \frac{1}{\mu_i}$$

となる．作業反応変数は

$$z_i = \eta_i + \frac{y_i - \mu_i}{\mu_i}$$

となる．フィッシャーのスコアリングアルゴリズムを実行するために必要な反復重みは

$$\begin{aligned} w_i &= \left\{ b''(\theta_i) \left(\frac{d\eta_i}{d\mu_i} \right)^2 \right\}^{-1} \\ &= \left(\frac{\mu_i}{\mu_i^2} \right)^{-1} \\ &= \mu_i \end{aligned}$$

と計算できる．

最後に逸脱度を求めてみよう．$\widehat{\mu}_i$ を仮定したモデルにおける μ_i の最尤推定量とし，$\widetilde{\mu}_i$ を飽和モデルにおける μ_i の最尤推定量とする．定義により，

$$\begin{aligned} D &= 2\sum (y_i \log y_i - y_i - \log y_i! - y_i \log \widehat{\mu}_i + \widehat{\mu}_i + \log y_1!) \\ &= 2\sum \left\{ y_i \log \frac{y_i}{\widehat{\mu}_i} - (y_i - \widehat{\mu}_i) \right\} \end{aligned}$$

いまの場合の逸脱度も，2 項分布の場合と同様に，第 1 項は $\sum o_i \log \frac{o_i}{e_i}$ の形を有している．第 2 項は通常 0 である．なぜなら，正準連結関数を採用した場合のスコア方程式は

$$\frac{\partial \log L}{\partial \boldsymbol{\beta}} = \boldsymbol{X}'(\boldsymbol{y} - \boldsymbol{\mu}) = \boldsymbol{0}$$

となる．ただし，L は尤度関数を表す．スコア方程式は

$$\boldsymbol{X}'\boldsymbol{y} = \boldsymbol{X}'\widehat{\boldsymbol{\mu}}$$

と変形できる．モデルに定数項が含まれている場合，$\boldsymbol{X}$ の第 1 列は全て 1 であ

り，上の連立方程式から，

$$\sum y_i = \sum \widehat{\mu}_i$$

を得る．すなわち，

$$\sum (y_i - \widehat{\mu}_i) = 0$$

が成り立つ．したがって，ポアソン分布の場合の逸脱度の第 2 項は 0 となることがわかる．

Chapter 2

線 形 モ デ ル

一般化線形モデルは古典的線形モデルの拡張である．この章ではまず一般化線形モデルの観点から従来の線形モデルを解説する．また，スコットランド・ヒル・ランニングに関するデータ解析を例として，R による線形モデルの適用法に関して詳しく解説を行う．

2.1 線形モデルと正規分布の仮定

一般化線形モデルの観点から線形モデルの構成要素を次のようにまとめることができる．

線形モデルの 3 要素

1） **(正規分布)** 確率変数 $Y_1, \ldots, Y_n$ は互いに独立で正規分布に従う．

$$Y_i \sim N(\mu_i, \sigma^2), \quad i = 1, \ldots, n$$

2） **(線形予測子)** 説明変数 $\boldsymbol{x}_i$ の線形結合で線形予測子を定める．

$$\eta = \boldsymbol{x}'\boldsymbol{\beta} = \sum_{i=1}^{p} x_i \beta_i$$

3） **(連結関数)** $\boldsymbol{Y}$ の平均に対して，恒等連結関数を規定する．

$$E(\boldsymbol{Y}) = \eta$$

線形モデルの構成要素の 1) では，モデルのランダムな部分を指定し，データ発生の確率的なメカニズムを正規分布として指定している．一方，構成要素の 2) と 3) では，線形モデルの非ランダムな部分を指定している．2) では，モデルに入れるべき説明変数を選択し，これらの説明変数の線形結合として線形予測子を構築する．最後の構成要素 3) では，反応変数 $\boldsymbol{Y}$ の平均の振る舞いがどのように線形予測子で説明されるかを規定している．ここでは，恒等連結関数を用いて，$\boldsymbol{Y}$ の平均を線形予測子と一致させている．線形モデルにおいては，当然統計的推測の焦点は回帰パラメータ $\boldsymbol{\beta}$ にある．ここで，$\boldsymbol{Y} = (Y_1, \ldots, Y_n)'$, $\boldsymbol{X} = (\boldsymbol{x}_1, \ldots, \boldsymbol{x}_n)'$, $\boldsymbol{\beta} = (\beta_1, \ldots, \beta_p)'$ とすると，2) と 3) は行列を用いて，

$$E(\boldsymbol{Y}) = \boldsymbol{X}\boldsymbol{\beta}$$

と表現できる．この章では，議論を簡単にとどめるため，$Y_1, \ldots, Y_n$ は互いに独立で，また同一の分散をもつことを仮定して，考察を進めることにする．

線形モデル 1)–3) において，反応変数 $\boldsymbol{Y}$ の 1 次と 2 次のモーメントは次のようになる．

$$E(\boldsymbol{Y}) = \boldsymbol{\mu}, \quad \mathrm{Cov}(\boldsymbol{Y}) = \sigma^2 \boldsymbol{I}_n \tag{2.1}$$

ただし，$\boldsymbol{I}_n$ は n 次の単位行列である．正規性の仮定は厳密な小標本理論を展開するために必要な仮定であるが，漸近的な議論 (大標本) を行う上で，本質的な条件ではない．それは，極端なケースを除けば，中心極限定理が成り立つからである．真の確率分布が非正規分布のとき，その分布を正規分布と仮定した場合，推定の効率が一般に落ちるのは当然のことであろう．

一方，正規性を仮定せず，反応変数間の独立性，平均と分散に関する仮定から，最小 2 乗推定を行うことができる．この場合の仮定は，本質的に (2.1) 式における分散に関する仮定である．反応変数間の独立性や等分散の仮定の妥当性についての考察は常に重要であり，これらの仮定の妥当性の考察は残差などに基づいて容易に行うことができる．2 次のモーメントに基づくモデリングという発想は，正規分布に基づくアプローチを拡張するだけではなく，全ての一般化線形モデルに対して適用できるアイデアであり，このようなアプローチは擬似尤度推論として一般化される．

身長や体重などの現実の測定値は，多くの場合，正の値のみをとるにも関わらず，データ解析において正規分布の適用が認められている．それは，多くの場合，これらのデータの変動範囲が原点から離れていて，正規分布を仮定しても，x 軸の負の領域における確率は 0 に近いからである．もし，正の測定値が

かなり原点に近いところに散らばっている場合や，あるいは，データの形状から正規性の仮定が疑われる場合などは，対数変換などを用いて，データの正規化変換を行うことがしばしば有効である．

2.2　線形モデルの非ランダムな部分

ここで，全ての一般化線形モデルに現れる線形予測子

$$\eta = \boldsymbol{x}'\boldsymbol{\beta} = \sum_{j=1}^{p} x_j \beta_j$$

についての考察を与えよう．ここで，$x_1, \ldots, x_p$ は共変量と呼ばれるものであり，その値については，連続的な測定値の場合や，質的因子に対応する付随ベクトル (incidence vector) の場合，あるいは，交互作用を表す付随ベクトルの場合などが考えられる．以下それぞれの場合を分けて，考えてみることにする．

(a) 連続的共変量

線形予測子 $\eta = \sum_{j=1}^{p} x_j \beta_j$ に連続的な共変量のみが含まれる場合，分散分析と区別して，このような線形モデルを回帰モデルと呼ぶことが多い．一方，分散分析の場合，線形予測子に質的共変量のみを入れる．興味深いケースとして，一部の共変量は連続的で，残りの共変量が離散の場合がある．したがって，回帰モデルと分散分析の厳密な区別は必ずしも生産的とは言えない．

1つ注意すべきことは，線形予測子における線形性はパラメータ $\boldsymbol{\beta}$ に関する線形性であり，共変量 $\boldsymbol{x}$ に関するものではない．ある測定値 x_1, x_2 の任意の関数，例えば x_1^2, x_1^3, $x_1 x_2$, $x_1 x_2^2$, $\log x_1$ を共変量ベクトルに含めることができる．

(b) 質的共変量

多くの場合，興味の対象となるデータは，いくつかのカテゴリに分類されている．これらのカテゴリは因子と呼ばれることが多い．例えば，農事実験の場合，農場のブロックが1つの因子として考えられる．また，種子の品種を別の因子として用いることができる．これらの因子は，いくつかのレベル，$1, 2, \ldots, k$ に区別される．これらのレベルは順序を表すこともあ

れば (例えば，薬の副作用の度合い)，順序を表さない場合もある (例えば，植物の品種).

もう少し具体的に見るために，共変量が 1 つで，因子が 1 つの場合のモデルについて考える．このときの線形予測子は

$$\eta_i = \alpha_i + \beta x_i$$

と表される．このモデルは，因子 A の全てのレベルに対し同じ傾き β をもつが，A のそれぞれのレベルに独自の切片 α_i をもつ.

一方，共変量が存在せず，3 つの因子 A, B, C のみが存在し，それぞれの指標を i, j, k とすると，この場合の最も単純なモデルとして

$$\alpha_i + \beta_j + \gamma_k$$

が考えられよう．このようなモデルは主効果モデル (main-effects model) と呼ぶ．主効果モデルは，1 つの因子を固定したとき，残りの因子が加法的に作用するモデルである．主効果モデルの当てはめが不十分な場合，交互作用 (interaction)，例えば，$(\alpha\beta)_{ij}$ をモデルに含ませて，

$$\alpha_i + \beta_j + \gamma_k + (\alpha\beta)_{ij}$$

のようなより適切なモデルを考える必要がある．このようなモデルは 2 因子交互作用モデルと呼ばれる．因子が 3 つ以上の場合，1 次交互作用モデルと呼ぶこともある.

(c) ダミー変数

1 つの因子 A のみが存在し，A が k 個のレベルをもつとき，k 個のダミー変数 (dummy variable) $\boldsymbol{u}_1, \ldots, \boldsymbol{u}_k$ を導入し，例えば，次のようにレベルの主効果を表すモデルとして

$$\alpha_1 \boldsymbol{u}_1 + \alpha_2 \boldsymbol{u}_2 + \cdots + \alpha_k \boldsymbol{u}_k$$

を考えることができる．n 個のユニットにおける観測値が得られたとき，ダミー変数 $\boldsymbol{u}_j$ は長さ n のベクトルで，j レベルをもつ全てのユニットに対応する成分は 1，その他は 0 のベクトルである．ダミー変数を標識変数 (indicator variable) と呼ぶときもある.

表 2.1 では，3 つのレベルの因子に対して，9 つの観測ユニットそれぞれ

表 2.1　ダミー変数の例

観測ユニット	因子のレベル	$\boldsymbol{u}_1$	$\boldsymbol{u}_2$	$\boldsymbol{u}_3$
1	1	1	0	0
2	1	1	0	0
3	1	1	0	0
4	2	0	1	0
5	2	0	1	0
6	2	0	1	0
7	3	0	0	1
8	3	0	0	1
9	3	0	0	1

のレベルが，$1,1,1,2,2,2,3,3,3$ のときのダミー変数を表示している．

表 2.1 からもわかるように，1 つの観測ユニットが 1 つのレベルに対応していることから，

$$\boldsymbol{u}_1 + \boldsymbol{u}_2 + \boldsymbol{u}_3 = \boldsymbol{1}$$

となる．ただし，$\boldsymbol{1}$ は全ての成分が 1 である定数ベクトルである．

もし，主効果モデルの当てはめが良くないときには，更なるダミー変数を導入し，交互作用を線形モデルに入れることができる．例えば，因子 A のレベル i とレベル j の交互作用をモデルに入れたいとき，新たにダミー変数 $(\boldsymbol{uv})_{ij}$ を定義すればよい．ここで，$(\boldsymbol{uv})_{ij}$ は $\boldsymbol{u}_i$ と $\boldsymbol{v}_j$ の対応する成分の積となるベクトルである．$(\boldsymbol{uv})_{ij}$ の定義から次が成り立つことに注意する．

$$\sum_i (\boldsymbol{uv})_{ij} = \boldsymbol{v}_j\,,\quad \sum_j (\boldsymbol{uv})_{ij} = \boldsymbol{u}_i$$

(d) 混合項

$\eta_i = \alpha_i + \beta x$ のような単純な線形予測子において，切片 α_i は因子のレベルの変化に対応していて，傾き β は因子の全てのレベル間に共通しているモデルを表しているが，共通の傾きをもつモデルが不十分な場合がある．このとき，$\eta_i = \alpha_i + \beta_i x$ のように，傾きも因子のレベルに応じて変化させることが考えられる．項 $\beta_i x$ は連続的共変量と質的共変量を同時に含むことから，混合項と呼ばれることがある．

連続変量がないこの場合のダミー変数は，連続変量がない場合のダミー変数 $\boldsymbol{u}_j$ と x の積として定義される．表 2.1 の場合に，1 つの連続変量 x

表 2.2　混合項の例

観測ユニット	因子のレベル	x	$\boldsymbol{u}_1$	$\boldsymbol{u}_2$	$\boldsymbol{u}_3$
1	1	0.1	0.1	0	0
2	1	0.2	0.2	0	0
3	1	0.3	0.3	0	0
4	2	0.4	0	0.4	0
5	2	0.5	0	0.5	0
6	2	0.6	0	0.6	0
7	3	0.7	0	0	0.7
8	3	0.8	0	0	0.8
9	3	0.9	0	0	0.9

が全ての観測ユニットに対して測定されている場合，ダミー変数は表 2.2 のようになる．このとき，明らかに次が成り立つ．

$$\boldsymbol{u}_1 + \boldsymbol{u}_2 + \boldsymbol{u}_3 = \boldsymbol{x}$$

2.3　線形予測子の表記法

これまでに見てきたようにさまざまなタイプの共変量が存在し，それに対応する線形モデルも異なる性質をもつ．一貫した記法でこのようなモデルを区別することはときには便利である．ここでは，Wilkinson and Rogers (1973) による標準的な記法について紹介する．この表記法では，アルファベットの前半の文字，A, B, C, ... で因子を表し，後半の文字，X, Y, Z, ... で連続変量を表す．A, B, C, ... のレベルはインデックス $i, j, k, \ldots$ で表す．

この表記法をまとめた表 2.3 の第 2 列ではいくつかの線形予測子の典型的な項を表していて，第 3 列では対応するモデルを表している．この記法では，X は 1 つの共変量ベクトルを表し，A は 1 組のダミー変数を表す．ダミー変数の

表 2.3　線形モデルの記法

項のタイプ	線形予測子の典型項	モデルの記法
連続共変量	λx	X
因子のみの項	α_i	A
因子と連続共変量の混合項	$\lambda_i x$	A.X
因子の交互作用項	$(\alpha\beta)_{ij}$	A.B
因子の交互作用と連続共変量の混合項	$\lambda_{ij} x$	A.B.X

各成分は因子のレベルを表す.

2.4 パラメータの推定

一般化線形モデルの推定理論では，フィッシャーの最尤法が主な手法である．誤差が正規分布のとき，n 個の独立な観測値に基づく対数尤度を ℓ とすると

$$-2\ell = n\log(2\pi\sigma^2) + \sum_{i=1}^{n} \frac{(y_i - \mu_i)^2}{\sigma^2}$$

となる．σ^2 を固定したとき，ℓ を最大にすることと，次の 2 乗和

$$\sum_{i=1}^{n}(y_i - \mu_i)^2$$

を最小にすることが同値である．また，平均は線形予測子と一致するので，すなわち

$$\eta_i = \mu_i = \sum_{j=1}^{p} x_{ij}\beta_j$$

が成り立つので，β_j に対して微分して，0 とおくと，次の推定方程式

$$\sum_{i=1}^{n} x_{ij}(y_i - \widehat{\mu}_i) = 0 \tag{2.2}$$

が得られる．ただし，平均の当てはめ値 $\widehat{\mu}_i$ は

$$\widehat{\mu}_i = \widehat{\eta}_i = \sum_{j=1}^{p} x_{ij}\widehat{\beta}_j$$

によって計算される.

推定方程式 (2.2) を幾何的に見ると，$y_i - \widehat{\mu}_i$ を成分とする残差ベクトルがモデル行列 $\boldsymbol{X}$ の各列ベクトルと直交していることに他ならない．すなわち

$$\boldsymbol{X}'(\boldsymbol{y} - \widehat{\boldsymbol{\mu}}) = \boldsymbol{0}$$

特に，2 因子分類モデル (two-way classification model) において，$\boldsymbol{X}$ が主効果を表す接合行列 (incidence matrix) とすると，$\boldsymbol{X}'\boldsymbol{y}$ は周辺和を表す．したがって，この場合の最尤法は周辺和が一定となるような当てはめ値を探索する

ことになる.

最小 2 乗推定法は非常に明快な幾何的解釈が可能である．まず，データベクトル $\boldsymbol{y}$ を n 次元のユークリッド空間の点と見なす．$\boldsymbol{\beta}$ の値を与えたとき，当てはめ値である $\boldsymbol{\mu} = \boldsymbol{X\beta}$ もまた n 次元のユークリッド空間の点である．このとき，$\boldsymbol{\beta}$ がパラメータ空間で動くなら，$\boldsymbol{\mu}$ は 1 つの線形部分空間，すなわち n 次元空間のある超平面を描く．この超平面は解の軌跡 (solution locus) と呼ばれることがある．もし，観測値 $\boldsymbol{y}$ が解の軌跡に属するならば，観測値が正確にモデルによって復元できることを意味する．通常はこのようなことは起こらず，いかなる $\boldsymbol{\beta}$ の値を用いても，$\boldsymbol{y}$ を正確に復元することはできない．μ_i を成分とするベクトル $\boldsymbol{\mu}$ を解の軌跡上の点とすれば，$\sum(y_i - \mu_i)^2$ は $\boldsymbol{y}$ と $\boldsymbol{\mu}$ の距離の 2 乗に他ならない．すなわち，

$$\sum(y_i - \mu_i)^2 = |\boldsymbol{y} - \boldsymbol{\mu}|^2$$

したがって，尤度を最大にするパラメータの値 $\widehat{\boldsymbol{\beta}}$ の探索は，$\widehat{\boldsymbol{\mu}} = \boldsymbol{X}\widehat{\boldsymbol{\beta}}$ という条件が満たされる，$\boldsymbol{y}$ に最も近い点を選ぶことに他ならない．

上に述べた幾何学的な解釈を直感的に見るために，$\eta_i = \beta x_i$ という単純なモデルについて考えよう．このとき，解の軌跡は，

$$\{\beta\boldsymbol{x} \mid -\infty < \beta < \infty\}$$

となる．これは，$\mathbb{R}^n$ の原点を通り，$\boldsymbol{x}$ と平行な直線上の全ての点である．座標 $\boldsymbol{y}$ をもつ点を Y とし，Y から解の軌跡 $\beta\boldsymbol{x}$ へ垂線を下ろし，垂線の足を P とすると，P の座標は $\widehat{\beta}\boldsymbol{x}$ と表現でき，$\widehat{\beta}$ は β の最尤推定量である．このとき，ベクトル $\overrightarrow{\mathrm{YP}} = \boldsymbol{y} - \widehat{\beta}\boldsymbol{x}$ は残差ベクトルである．また，$\overrightarrow{\mathrm{OP}}$ と $\overrightarrow{\mathrm{YP}}$ の直交関係により，次が成り立つ．

$$\boldsymbol{x}'(\boldsymbol{y} - \widehat{\beta}\boldsymbol{x}) = 0$$

この式から，最尤推定量は

$$\widehat{\beta} = \frac{\boldsymbol{x}'\boldsymbol{y}}{\boldsymbol{x}'\boldsymbol{x}}$$

と書くことができる．

適合度統計量を β の関数として評価し，モデルの当てはめの良さを考察することができる．図 2.1において，P$'$ を解の軌跡上の任意の点 $\beta\boldsymbol{x}$ とする．三角

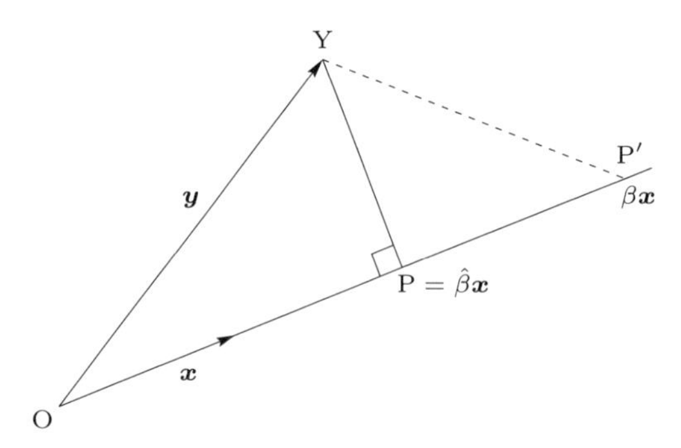

図 **2.1**　最小 2 乗推定量の幾何的解釈 ($\dim \boldsymbol{\beta} = 1$)

形 YPP′ において，

$$(\boldsymbol{y} - \beta\boldsymbol{x})'(\boldsymbol{y} - \beta\boldsymbol{x}) = (\boldsymbol{y} - \widehat{\beta}\boldsymbol{x})'(\boldsymbol{y} - \widehat{\beta}\boldsymbol{x})(\widehat{\beta} - \beta)\boldsymbol{x}'\boldsymbol{x}(\widehat{\beta} - \beta)$$

という関係が成り立つ．これは三角形 YPP′ におけるピタゴラスの定理を表している．この三角形の辺 YP′ の長さはデータと解の軌跡上の任意の点との距離を表している．この距離の 2 乗はパラメータ β の 2 次関数であり，図 2.2 のように平面上の放物線を描いており，$\beta = \widehat{\beta}$ のとき最小値をとる．このときの最小値は

$$D_{\min} = (\boldsymbol{y} - \widehat{\beta}\boldsymbol{x})'(\boldsymbol{y} - \widehat{\beta}\boldsymbol{x})$$

である．上の β に関する 2 次関数を 2 回微分すると，$2\boldsymbol{x}'\boldsymbol{x}$ となる．σ^2 を考慮に入れると，2 階微分は正確に $2\boldsymbol{x}'\boldsymbol{x}/\sigma^2$ である．$\boldsymbol{x}'\boldsymbol{x}/\sigma^2$ はフィッシャー情報量であり，図 2.2 の放物線の曲率を表している．この量が大きければ，放物線は尖った曲線となり，β の値が $\widehat{\beta}$ からわずかにずれただけでも逸脱度には大きな変化をもたらす．言い換えると，この場合はデータから β に関する良い推定

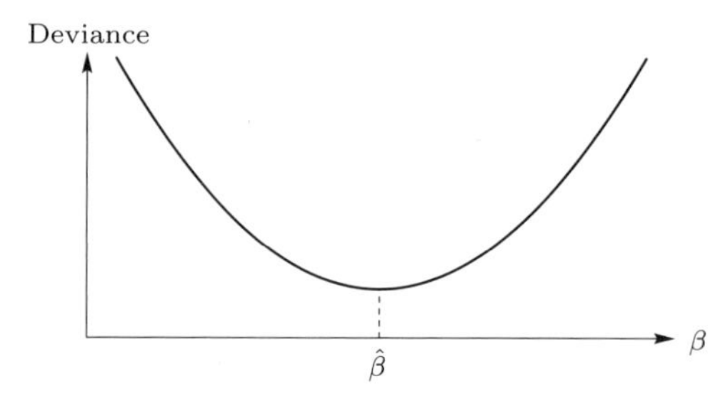

図 **2.2**　1 母数の場合の情報曲線

量を構築できる．逆に，フィッシャー情報量が小さいとき，放物線は平らな形となり，データから β の値を推定する際に比較的大きな誤差を伴う．

フィッシャー情報量は 2 つの量の比の形となっている．分子はモデル行列のみに依存し，反応変数とは無関係である．一方，分母は誤差分散となっている．フィッシャー情報量の逆数が $\widehat{\beta}$ の分散となる．すなわち

$$\mathrm{Var}\left(\widehat{\beta}\right) = \frac{\sigma^2}{\boldsymbol{x}'\boldsymbol{x}}$$

となる．σ^2 は通常未知であるため，推定する必要がある．誤差分散は通常，残差平方和によって推定される．σ^2 の不偏推定量は

$$\widetilde{\sigma}^2 = S^2 = \frac{D_{\min}}{n-p}$$

のように構築される．ただし，p は共変量の数であり，$D_{\min}$ は逸脱度の最小値である．

次に 2 つの共変量が存在する場合を考える．共変量を $\boldsymbol{x}_1, \boldsymbol{x}_2$ とする．この場合，解の軌跡は $\mathbb{R}^2$ における平面で，$\beta_1\boldsymbol{x}_1 + \beta_2\boldsymbol{x}_2$ と表現することができる．モデル $\eta = \beta_1\boldsymbol{x}_1 + \beta_2\boldsymbol{x}_2$ に対しての当てはめは，図 2.3 のように，データ $\boldsymbol{y}$ から $(\boldsymbol{x}_1, \boldsymbol{x}_2)$ 平面への垂線を下ろすことによりパラメータの最尤推定量を求めることができる．

図 2.3 では 1 つの共変量のみの場合の当てはめの幾何と 2 つの共変量の場合の幾何の関係を示している．$\mathrm{P}_1, \mathrm{P}_2$ と P_{12} は，それぞれデータ $\boldsymbol{y}$ から $\boldsymbol{x}_1$ 軸，$\boldsymbol{x}_2$ 軸，$(\boldsymbol{x}_1, \boldsymbol{x}_2)$ 平面への垂線の足を表している．三角形 $\mathrm{OP_2Y}$，$\mathrm{OP_{12}Y}$ と $\mathrm{P_2P_{12}Y}$ が定義により直角三角形であるため，各 $\angle\mathrm{OP_1P_{12}}$ と $\angle\mathrm{OP_2P_{12}}$ も直角である．したがって，P_1 は P_{12} から $\boldsymbol{x}_1$ 軸への垂線の足でもあり，P_2 は P_{12} から $\boldsymbol{x}_2$ 軸への垂線の足でもある．この関係から，$\boldsymbol{y}$ の $(\boldsymbol{x}_1, \boldsymbol{x}_2)$ 平面への射影を次のように分解することができる．すなわち，

$$\begin{aligned}(\mathrm{OP}_{12})^2 &= (\mathrm{OP}_1)^2 + (\mathrm{P}_1\mathrm{P}_{12})^2 \\ &= (\mathrm{OP}_2)^2 + (\mathrm{P}_2\mathrm{P}_{12})^2\end{aligned}$$

この分解式において，$(\mathrm{OP}_1)^2$ は $\boldsymbol{x}_1$ のみを考慮したときの平方和，$(\mathrm{OP}_2)^2$ は $\boldsymbol{x}_2$ のみを考慮したときの平方和，$(\mathrm{OP}_{12})^2$ は $\boldsymbol{x}_1$ と $\boldsymbol{x}_2$ を同時に考慮したときの平方和を表している．図 2.3 におけるその他の重要な幾何的な量は次の

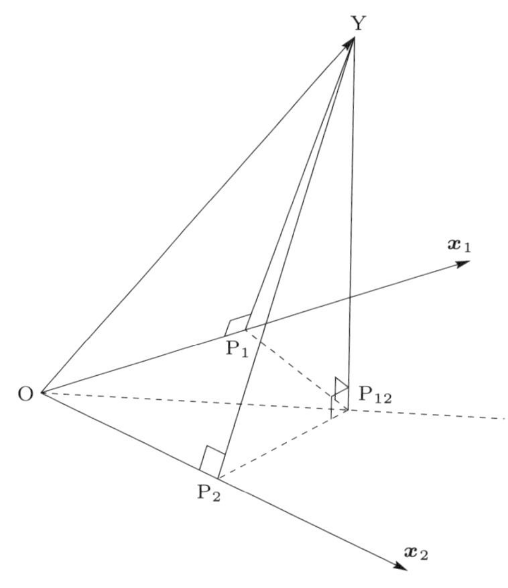

図 **2.3** 2つの正の相関をもつ共変量の場合の最小2乗推定の幾何

ように解釈することができる.

- $(\mathrm{OY})^2$ は 全体の平方和を表す.
- $(\mathrm{P_1P_{12}})^2$ は $\boldsymbol{x}_1$ を調整した後の $\boldsymbol{x}_2$ における平方和を表す.
- $(\mathrm{P_2P_{12}})^2$ は $\boldsymbol{x}_2$ を調整した後の $\boldsymbol{x}_1$ における平方和を表す.
- $(\mathrm{YP_{12}})^2$ は $\boldsymbol{x}_1$ と $\boldsymbol{x}_2$ を同時に考慮したモデルにおける残差平方和を表す.

2種類の当てはめに対応する分散分析の幾何的解釈は次のように要約できよう.

$$\begin{array}{ccccccc}
(\mathrm{OY})^2 & = & (\mathrm{OP_1})^2 & + & (\mathrm{P_1P_{12}})^2 & + & (\mathrm{P_{12}Y})^2 \\
(\text{全体}) & = & (\boldsymbol{x}_1\text{のみ}) & + & (\boldsymbol{x}_1\text{の後に}\ \boldsymbol{x}_2) & + & (\text{残差}) \\
(\mathrm{OY})^2 & = & (\mathrm{OP_2})^2 & + & (\mathrm{P_2P_{12}})^2 & + & (\mathrm{P_{12}Y})^2 \\
(\text{全体}) & = & (\boldsymbol{x}_2\text{のみ}) & + & (\boldsymbol{x}_2\text{の後に}\ \boldsymbol{x}_1) & + & (\text{残差})
\end{array}$$

2つの共変量の場合について，P を解の軌跡 $\beta_1\boldsymbol{x}_1+\beta_2\boldsymbol{x}_2$ 上の任意の点とする．総平方和，残差平方和，および回帰平方和の関係式

$$(\mathrm{YP})^2=(\mathrm{YP_{12}})^2+(\mathrm{P_{12}P})^2$$

に注意して，$D=(\boldsymbol{y}-\beta_1\boldsymbol{x}_1-\beta_2\boldsymbol{x}_2)'(\boldsymbol{y}-\beta_1\boldsymbol{x}_1-\beta_2\boldsymbol{x}_2)$ とすると，次の式を得る.

$$D = (\widehat{\beta}_1 - \beta_1)^2 \boldsymbol{x}_1{}'\boldsymbol{x}_1 + 2(\widehat{\beta}_1 - \beta_1)(\widehat{\beta}_2 - \beta_2)\boldsymbol{x}_1{}'\boldsymbol{x}_2 + (\widehat{\beta}_2 - \beta_2)^2 \boldsymbol{x}_2{}'\boldsymbol{x}_2 \\ + (\boldsymbol{y} - \widehat{\beta}_1\boldsymbol{x}_1 - \widehat{\beta}_2\boldsymbol{x}_2)'(\boldsymbol{y} - \widehat{\beta}_1\boldsymbol{x}_1 - \widehat{\beta}_2\boldsymbol{x}_2) \tag{2.3}$$

ただし，$\widehat{\beta}_1$ と $\widehat{\beta}_2$ はモデル $\eta = \beta_1\boldsymbol{x}_1 + \beta_2\boldsymbol{x}_2$ を仮定したときのパラメータの推定値である．分解式 (2.3) の第 2 項は 2 変量モデルにおける残差平方和であり，β_1, β_2 には依存しない．第 1 項は，(β_1, β_2) に対応する任意の点 P と最適な当てはめ値 $(\widehat{\beta}_1, \widehat{\beta}_2)$ に対応する点との距離の和を表している．この項を (β_1, β_2) の関数として見たとき，その等高線は中心 $(\widehat{\beta}_1, \widehat{\beta}_2)$ をもつ楕円である．この関数の (β_1, β_2) に関する 2 階微分は

$$2\begin{pmatrix} \boldsymbol{x}_1{}'\boldsymbol{x}_1 & \boldsymbol{x}_1{}'\boldsymbol{x}_2 \\ \boldsymbol{x}_2{}'\boldsymbol{x}_1 & \boldsymbol{x}_2{}'\boldsymbol{x}_2 \end{pmatrix}$$

となる．この行列は，定数 $\sigma^2/2$ を除けば，(β_1, β_2) に関するフィッシャー情報行列である．

次に，パラメータ推定の安定性について触れてみよう．θ を $\boldsymbol{x}_1$ と $\boldsymbol{x}_2$ のなす角度とすると，フィッシャー情報行列の行列式は

$$\|\boldsymbol{x}_1\|^2 \|\boldsymbol{x}_2\|^2 \sin^2\theta$$

となる．このことから，θ が 0 に近づくとき，すなわち，$\boldsymbol{x}_1$ と $\boldsymbol{x}_2$ が平行に近いとき，フィッシャー情報行列の行列式は 0 に近づき，フィッシャー情報行列は退化行列に近づく．このとき，(β_1, β_2) 平面における対数尤度の等高線が短軸に比べて非常に長い長軸をもつ楕円となり，この長い主軸に沿って (β_1, β_2) の値が大きく変化しても，対数尤度はほとんど変化しない．逆に主軸と垂直な軸の方向に (β_1, β_2) が少し変化しただけで，対数尤度の値が大きく変わる．

次に最小 2 乗法のアルゴリズムについて考えてみよう．$\boldsymbol{\beta} = \widehat{\boldsymbol{\beta}}$ のとき，

$$(\boldsymbol{y} - \boldsymbol{x}\boldsymbol{\beta})'(\boldsymbol{y} - \boldsymbol{x}\boldsymbol{\beta})$$

が最小値をとるとする．この最小値は多くの場合一意的に存在する．$\boldsymbol{\beta} = \widehat{\boldsymbol{\beta}}$ を最小 2 乗推定量という．$\widehat{\boldsymbol{\beta}}$ を求めるため，この 2 次関数を $\boldsymbol{\beta}$ について微分して 0 とおくと，次の正規方程式 (normal equation)

$$(\boldsymbol{x}'\boldsymbol{x})\widehat{\boldsymbol{\beta}} = \boldsymbol{x}'\boldsymbol{y} \tag{2.4}$$

を得る．$\boldsymbol{x}$ がフルランク (full rank) をもつとき，連立方程式 (2.4) は唯一の解

$$\widehat{\boldsymbol{\beta}} = (\boldsymbol{x}'\boldsymbol{x})^{-1}\boldsymbol{x}'\boldsymbol{y}$$

をもつ．もし，$\boldsymbol{x}$ がフルランクでないとき (rank-deficient)，$\boldsymbol{x}'\boldsymbol{x}$ の逆行列を一般化逆行列で置き換えればよい．このとき，解は複数存在することに注意する．また，このとき $\boldsymbol{\beta}$ の要素間の推定可能なコントラスト (estimable contrast) は逆行列の選択に対して不変性をもつことが知られている (Pringle and Rayner, 1971)．一般化逆行列に σ^2 を掛け合わせると，これらのコントラストの分散共分散行列となることも知られている．

2.5 変数選択

一般化線形モデルを考えるときに，まず連結関数と誤差分布の吟味が最も重要であることは言うまでもない．次に重要な作業としては，適切で簡素な共変量の部分集合の選択であろう．モデルの選択に際しては統計的な側面以外に，物理的現象の説明としてのモデルのもつ意味などを吟味し，さまざまなことを考慮する必要がある．まず，モデルを構築する際の注意点の1つとして，主効果をモデルに含まない場合，交互作用を含むべきでないという点である．主効果が統計的に有意でない場合，交互作用のみを含むモデルの解釈が困難だからである．これと類似の理由で，高次の項をモデルに含む場合，それ以下の低次の項もモデルに含むのが一般的である．また，例えば，同一の現象を考察するために複数の研究が行われている場合，研究結果の比較を容易に行うために，統計的に有意でなくとも，主効果は通常モデルに含ませるのが原則である．

2.6 事例研究：スコットランド・ヒル・ランニング

2.6.1 スコットランド・ヒル・ランニング

スコットランドでは大自然の中で丘や野原を越えながらのさまざまなレースが，短距離から長距離まで，大変人気を博しているようである．全てのレースで距離や難易度の異なる丘を登らなければならないことから，これらのレースはヒル・ランニング (hill running) またはヒル・レースと呼ばれ，スコットランド・ヒル・ランナーズ協会 (Scottish Hill Runners Association; SHRA) が，毎年特に春から秋にかけて多くの公式レースを開催している[*1]．ヒル・ランニングは総距離と難易度によってカテゴリ化されている．SHRA によるヒル・ランニングの公式的分類は次のようになっている．

距離カテゴリ

- S (短距離) ：総距離が 10 km 以下．
- M (中距離) ：総距離が 10 km より長く，20 km 以下．
- L (長距離) ：総距離が 20 km より長い．

難易度カテゴリ

- A (上級) ：1 km あたりの登りは 50 m 以上，路上レースが全体の 20% 以内．
- B (中級) ：1 km あたりの登りは 25 m 以上，路上レースが全体の 30% 以内．
- C (初級) ：1 km あたりの登りは 20 m 以上，路上レースが全体の 40% 以内．

初心者は短距離で起伏の少ないレースが勧められているので，まずカテゴリ "BS" や "CS" からスタートするとよい[*2]．ヒル・レースは総時間で優勝を争う．完走時間は，総距離とそれに占める登りの割合に著しく影響を受けることが予想される．長距離走に自信のある人であっても，登りの割合が増えれば次第に体力は奪われ，相対順位が落ちることも考えられる．Agresti (2015, §2.6) では 35 回分のヒル・レース・データを線形モデルを用いて解析している．このデータは，反応変数 (被説明変数) である優勝時間 (分)，レースの総距離 (マイル)，登りの合計距離 (1000 分の 1 フィート) の 3 つの変数から構成されている[*3]．このデータは表 2.4 にまとめた．

表 2.4 のレース・データのいくつかの基本統計量を計算しまとめたのが表 2.5 である．一番長いレースが 45 km (28 マイル[*4]) で，一番早い優勝時間が約

[*1] 最新のレーススケジュールなどを http://www.shr.uk.com から確認できる．

[*2] この節でのデータ解析に触発され，レース自体にも関心をもたれた読者は，レースの参加条件などもあるので SHRA の公式サイトをよく参照されたい．

[*3] http://www.stat.ufl.edu/~aa/glm/data

[*4] 1 マイル (国際マイルともいう) は 1609.3444 m である．

表 **2.4** 35 回分のスコットランド・ヒル・レース・データ (Agresti, 2015, §2.6)

	レース名	距離 (マイル)	登り (フィート $\times 10^{-3}$)	時間 (分)
1	GreenmantleNewYearDash	2.50	0.65	16.08
2	Carnethy5HillRace	6.00	2.50	48.35
3	CraigDunainHillRace	6.00	0.90	33.65
4	BenRhaHillRace	7.50	0.80	45.60
5	BenLomondHillRace	8.00	3.07	62.27
6	GoatfellHillRace	8.00	2.87	73.22
7	BensofJuraFellRace	16.00	7.50	204.62
8	CairnpappleHillRace	6.00	0.80	36.37
9	ScoltyHillRace	5.00	0.80	29.75
10	TraprainLawRace	6.00	0.65	39.75
11	LairigGhruFunRun	28.00	2.10	192.67
12	DollarHillRace	5.00	2.00	43.05
13	LomondsofFifeHillRace	9.50	2.20	65.00
14	CairnTableHillRace	6.00	0.50	44.13
15	EildonTwoHillsRace	4.50	1.50	26.93
16	CairngormHillRace	10.00	3.00	72.25
17	SevenHillsofEdinburghRace	14.00	2.20	98.42
18	KnockHillRace	3.00	0.35	16.12
19	BlackHillRace	4.50	1.00	17.42
20	CreagBeagHillRace	5.50	0.60	32.57
21	KildoonHillRace	3.00	0.30	15.95
22	MeallAntSuidheHillRace	3.50	1.50	27.90
23	HalfBenNevis	6.00	2.20	47.65
24	CowHillRace	2.00	0.90	17.93
25	NorthBerwickLawRace	3.00	0.60	18.68
26	CreagDubhHillRace	4.00	2.00	26.22
27	BurnswarkHillRace	6.00	0.80	34.43
28	LargoLawRace	5.00	0.95	28.57
29	CriffelHillRace	6.50	1.75	50.50
30	AchmonyHillRace	5.00	0.50	20.95
31	BenNevisRace	10.00	4.40	85.58
32	KnockfarrelHillRace	6.00	0.60	32.38
33	TwoBreweriesFellRace	18.00	5.20	170.25
34	CockleroiHillRace	4.50	0.85	28.10
35	MoffatChase	20.00	5.00	159.83

表 **2.5** 表 2.4 のレース・データの基本統計量

	n	Mean	St. Dev.	Min	Max
distance	35	7.529	5.524	2.000	28.000
climb	35	1.815	1.619	0.300	7.500
time	35	56.090	50.393	15.950	204.620

16 分である．一番長いレースは公式マラソン大会の 42 km よりもやや長い．表 2.4 を見ると，これは 11 番目の Lairig Ghru Fun Run[*5)] というレースのデータである．Lairig Ghru Fun Run の優勝時間は約 192 分 (3 時間 12 分) である．一方，一番短い時間で優勝したレースは 21 番目の Kildoon Hill Race であり，このレースの走行距離は 3 マイル (約 4.8 km) である．これは 1 km あたり約 3 分 18 秒の速さである．このレースは，約 $0.3 \times 10^3 = 300$ フィート (≈ 91.4 m) のわずかな登りしか含まれていないカテゴリ "CS" のレースである．

ちなみに，表 2.4 と表 2.5 は，それぞれパッケージ xtable の関数 xtable() とパッケージ stargazer (Hlavac, 2015) の関数 stargazer() で次のように自動的に生成された表を整形したものである．

```
1  # R のデータフレームを LaTeX の表に出力
2  library(xtable)
3  xtable(ScotsRaces.dat)
4  
5  # R のデータフレームを要約して LaTeX の表に出力
6  library(stargazer)
7  stargazer(ScotsRaces.dat)
```

2.6.2　R による線形モデルの適用

図 2.4 は次の入力で得られたものである．

```
1  panel.cor <- function(x, y, digits = 2, prefix = "", cex.cor, ...)
2  {
3  usr <- par("usr"); on.exit(par(usr))
4      par(usr = c(0, 1, 0, 1))
5      r <- abs(cor(x, y))
6      txt <- format(c(r, 0.123456789), digits = digits)[1]
7      txt <- paste0(prefix, txt)
8      if(missing(cex.cor)) cex.cor <- 0.8/strwidth(txt)
9      text(0.5, 0.5, txt, cex = cex.cor * r)
10 }
11 # 散布図と相関行列
```

*5) Lairig Ghru はスコットランドにある峠の名前である．

```
12 pairs(~time+climb+distance,
   lower.panel = panel.smooth, upper.panel = panel.cor)
```

図 2.4 はヒル・レース・データの散布図と相関行列を示している．この図の対角要素の上の部分は変量間の相関係数を示し，下の半分は対ごとの散布図を示している．各散布図には，LOWESS 平滑化曲線 (LOWESS smoother)*6) も参考のために描かれている．図 2.4 から優勝時間は，総距離と登り距離との相関がいずれも高く，特に (当然のことであるが) 総距離との相関がきわめて高いことがわかる．また，総距離とそれに占める登りの割合との相関も確認できよう．この散布図から，いくつかの外れ値が観察できるが，レース時間と総距離，またレース時間と登り距離の間に線形的なトレンドが見られる．

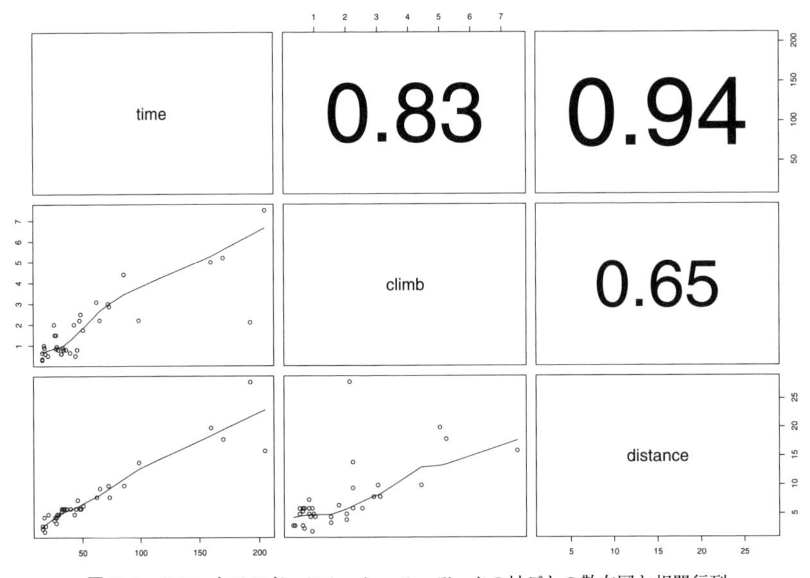

図 2.4 スコットランド・ヒル・レース・データの対ごとの散布図と相関行列

まず，`distance` と `climb` との交互作用を無視した主効果のみの線形モデル

---

*6) LOWESS (locally weighted scatterplot smoothing) は，局所重み付き多項式回帰 (locally-weighted polynomial regression) に分類される回帰分析法の 1 つである．詳しくは Cleveland (1979), Cleveland (1981), Cleveland and Devlin (1988) などを参考．

に関数 lm() を適用し，得られた回帰分析の結果を summary() 関数により確認しよう．

```
> regress.cd <- lm(time ~ climb + distance)
> summary(regress.cd)

Call:
lm(formula = time ~ climb + distance)

Residuals:
    Min      1Q  Median      3Q     Max
-16.654  -4.842   1.110   4.667  27.762

Coefficients:
            Estimate Std. Error t value Pr(>|t|)
(Intercept) -13.1086     2.5608  -5.119 1.41e-05 ***
climb        11.7801     1.2206   9.651 5.37e-11 ***
distance      6.3510      0.357  17.751  < 2e-16 ***
---
Signif. codes:
0 '***' 0.001 '**' 0.01 '*' 0.05 '.' 0.1 ' ' 1

Residual standard error: 8.734 on 32 degrees of freedom
Multiple R-squared: 0.9717, Adjusted R-squared: 0.97
F-statistic: 549.9 on 2 and 32 DF,  p-value: < 2.2e-16
```

回帰分析の結果を確認するときに標準的に使うのが summary() 関数であるが，xtable(regress.cd) と入力すれば，summary() の出力の一部分から表 2.6 のような LaTeX の表を自動的に生成できる．

表 2.6 主効果のみの線形モデルによる最小 2 乗推定

	Estimate	Std. Error	t value	Pr(>|t|)
(Intercept)	−13.1086	2.5608	−5.12	0.0000
climb	11.7801	1.2206	9.65	0.0000
distance	6.3510	0.3578	17.75	0.0000

回帰分析の結果，すなわち summary(regress.cd) による出力の解釈が重要であるため，以下各項目について詳しく見てみよう．

summary() 関数の出力の解釈

1) (Residuals) 観測値と予測値の差 $y - \widehat{y}_i$ である残差 (residual) の分布の最小値 (Min)，第 1 四分位数 (1Q)，中央値 (Median)，第 3 四分位数 (3Q)，最大値 (Max) を示している．良いモデルであれば，残差の分布は平均 0 の正規分布に近いことが期待される．

2) (Coeffecients) この欄で示しているのは，切片 (Intercept) を含む各共変量に対応する最小 2 乗推定値 (Estimate)，各推定量の標準偏差の推定値 (Std. Error)，各パラメータに対応する t 統計量の値 (t value) と両側 p 値 (Pr(>|t|)) である．

   p 値が小さければ，対応する項がモデルにおいて重要であることを示す．p 値の各段階はそれぞれ次のことを意味する：***: 高度に有意; **: 有意; *: ぎりぎり有意.

3) (Residual standard error) ここで残差の標準偏差 (residual standard error) の値 $\widehat{\sigma}$ を示している．残差が近似的に正規分布に従えば，第 1 四分位数の値はおよそ $1Q = 1.5 - \widehat{\sigma}$，第 3 四分位数の値はおよそ $3Q = 1.5 + \widehat{\sigma}$ である．自由度 (degrees of freedom) は標本数 n とパラメータ数 p の差 $n - p$ である．

4) (Multiple R-squared) 重決定係数 (multiple R-squared) は，データの分散のうちモデルによって説明される割合であり，モデルの当てはめの良さを示す重要な指標で，1.0 に近ければ近いほど良い当てはめが得られていると言える．パラメータ数で調整した決定係数の値は自由度調整済み決定係数 (adjusted R-squared) と呼ばれ，モデルが複雑なほど調整の幅が大きく，決定係数の値はより縮小される．

5) (F-statistic) 現在のモデルの切片以外のパラメータが全て 0 である，という帰無仮説を検定するときの F 統計量 (F-statistic) の値を示している．対応する p 値が小さければ帰無仮説は棄却される．

このようにデータを与えれば，非常に手軽に回帰分析を行うことができる．主効果のみのモデルの解析結果から，登り距離が一定の場合，総距離が 1 マイル (1.609 km) 増えるにつれて，総走行時間が 6.35 分増え，また総距離が一定の場合，登り距離が 1 単位 (約 304.8 m) 増えるにつれて，総走行時間が 11.78 分増えることがわかる．

主効果のみのモデルの場合，$R^2 = 0.972$ で，モデルに基づく予測値のばらつきがデータのばらつきの約 97.2% を説明できることを示している．データ y_i と予測値 $\widehat{y}_i$ の相関係数である重相関係数 (multiple correlation coefficient) は $R = \sqrt{R^2} = \sqrt{0.972} \approx 0.986$ となる．表 2.6 は最も単純な主効果のみのモデルを適用した結果であり，切片を含めて全ての回帰係数の t 検定統計量による p 値が有意であった．表 2.7 は `climb` と `distance` の交互作用も考慮に入れた線形モデルの適用結果であり，交互作用に対応する係数も有意であることがわかる．このことは，当然のことであるが，総登りが総レース距離に占める割合がレースの結果に有意に寄与することを意味する．交互作用ありのモデルでは切片に対応する p 値が大きく，切片がほとんど予測に寄与していないことを意味する．表 2.7 は次のように `lm()` の結果に `xtable` を適用し，生成されたものである．

```
1 # 交互作用ありモデル
2 regress.cd2 <- lm(time ~ climb + distance + climb*distance)
3 # LaTeX の表への出力
4 xtable(regress.cd2)
```

表 2.7 交互作用ありモデルの最小 2 乗推定

	Estimate	Std. Error	t value	Pr(>|t|)
(Intercept)	−0.7672	3.9058	−0.20	0.8456
climb	3.7133	2.3647	1.57	0.1265
distance	4.9623	0.4742	10.46	0.0000
climb:distance	0.6598	0.1743	3.79	0.0007

7 番目の Bens of Jura Fell レースは，登りが最も長く，総時間 204.62 分で，主効果のみのモデルによる予測時間は 176.86 分で，交互作用ありモデルの予測時間は 185.66 分である．表 2.8 ではそれぞれの観測値に対して主効果モデルと交互作用モデルを適用し，得られた標準化残差とクックの距離をまとめている．表 2.8 から，このレースに対して，主効果のみのモデルの場合，標準化残差は 4.18 で，また最大のクックの距離 (p.40 参照) は 4.22 である．次に大き

表 **2.8** 主効果モデルと交互作用モデルに基づく標準化残差とクックの距離

		主効果モデル		交互作用ありモデル	
	時間	標準化残差	クックの距離	標準化残差	クックの距離
1	16.08	0.67	0.01	0.14	0.00
2	48.35	−0.72	0.01	0.02	0.00
3	33.65	−0.23	0.00	−0.31	0.00
4	45.60	0.19	0.00	0.31	0.00
5	62.27	−1.37	0.04	−0.62	0.01
6	73.22	0.21	0.00	1.23	0.04
7	204.62	4.18	4.22	3.73	3.78
8	36.37	0.23	0.00	0.17	0.00
9	29.75	0.20	0.00	0.01	0.00
10	39.75	0.83	0.01	0.80	0.01
11	192.67	0.66	0.32	2.03	2.62
12	43.05	0.10	0.00	0.70	0.01
13	65.00	−0.95	0.01	−0.47	0.00
14	44.13	1.56	0.04	1.58	0.04
15	26.93	−0.73	0.01	−0.65	0.00
16	72.25	−1.58	0.04	−1.08	0.03
17	98.42	−0.39	0.00	0.18	0.00
18	16.12	0.71	0.01	0.00	0.00
19	17.42	−1.15	0.02	−1.51	0.02
20	32.57	0.43	0.00	0.23	0.00
21	15.95	0.76	0.01	0.02	0.00
22	27.90	0.13	0.00	0.32	0.00
23	47.65	−0.38	0.00	0.25	0.00
24	17.93	0.91	0.02	0.60	0.01
25	18.68	0.67	0.01	0.16	0.00
26	26.22	−1.13	0.02	−0.79	0.01
27	34.43	0.00	0.00	−0.10	0.00
28	28.57	−0.15	0.00	−0.30	0.00
29	50.50	0.20	0.00	0.70	0.01
30	20.95	−0.42	0.00	−0.93	0.01
31	85.58	−2.03	0.19	−1.32	0.11
32	32.38	0.04	0.00	−0.17	0.00
33	170.25	0.98	0.07	0.10	0.00
34	28.10	0.31	0.00	0.12	0.00
35	159.83	−1.65	0.21	−3.85	1.79

いクックの距離が 0.32 で，11 番目のデータに対応している．7 番目のデータのクックの距離は 11 番目のデータのそれより約 13 倍も大きい．一方交互作用ありモデルの場合，7 番目のデータの標準化残差とクックの距離はそれぞれ 3.73 と 3.78 である．この場合のクックの距離も一番大きい値であり，次に大きい値

も 11 番目のデータのもので，約 2.62 である．2 つの距離の比は約 1.4 である．このことは，交互作用のあるモデルでは，7 番目のデータの影響度がかなり低下したことを意味する．11 番目データは Lairig Ghru Fun Run というレースのデータで，2100 フィートの登りしかないのに，一番長い走行時間 192.67 分を記録している．スポーツの観点からすれば，このレースは一番長いレース (28 マイル，約 45 km) であることを考慮すれば，それほど不自然な結果でもない．

主効果モデルが不十分な理由は，総距離が長ければ登り距離も長く，この 2 つの変量間の交互作用が無視できないからである．交互作用の項に対応するパラメータの推定値が 0.6598 であるので，登りが最短の 300 フィートであるレースの場合，総距離が 1 マイル増えるにつれて，約 $4.962 + 0.660 \times 0.3 \approx 5.16$ 分の増加が予測され，主効果のみのモデルの予測時間である 6.35 分から 1.19 分に短縮される．一方，登りが最長の 7500 フィートであるレースの場合，総距離が 1 マイル増えるにつれて，約 $4.962 + 0.660 \times 7.5 \approx 9.91$ 分の増加が予測され，主効果のみのモデルの予測時間より 3.56 分長い予測となっている．

関数 `confint()` を用いて，回帰係数の信頼区間を求めることができる．次の入力により主効果のみのモデルにおける回帰係数の 95% 信頼区間 (表 2.9) と交互作用を考慮したモデルにおける回帰係数の 95% 信頼区間 (表 2.10) が LaTeX の表として出力される．交互作用ありのモデルでは，切片と `climb` に対応する信頼区間には原点が含まれている．これは表 2.7 の t 検定の結果と一致する．

```
1 # 回帰係数の 95% 信頼区間
2 # 交互作用なしモデル
3 regress.cd1 <- lm(time ~ climb + distance)
4 ic.cd1 <- confint(regress.cd1, level=0.95)
5 # 交互作用ありモデル
6 regress.cd2 <- lm(time ~ climb + distance + climb*distance)
7 ic.cd2 <- confint(regress.cd2, level=0.95)
```

表 2.9 交互作用なしモデルの 95% 信頼区間

	2.5 %	97.5 %
(Intercept)	−18.32	−7.89
climb	9.29	14.27
distance	5.62	7.08

表 2.10 交互作用ありモデルの 95% 信頼区間

	2.5 %	97.5 %
(Intercept)	−8.73	7.20
climb	−1.11	8.54
distance	4.00	5.93
climb:distance	0.30	1.02

これまでに交互作用を無視したモデルとそれを考慮したモデルの解析を行ってきた．データの説明能力として，この 2 つのモデル間に有意に差はあるかという自然な疑問がある．関数 anova() を用いて複数のモデルの比較を簡単に行うことができる．モデルの比較にはいくつかの検定法が考えられるが，指定がない場合に anova() は F 検定の結果を出力する．表 2.11 は次の入力によるものである．表 2.11 における SSR はデータとモデルによる予測値との間の不一致性を評価する尺度で，残差 2 乗和 (sum of squared residuals; SSR) と呼ばれるものである．小さい SSR の値はデータに対して対応するモデルがよりフィットしていること示している．いまの場合，距離と登りの交互作用の項の導入により，SSR の値がかなり減少し，F 検定による p 値の値が非常に小さいので，この 2 つのモデルによるデータの説明能力に有意な差があると結論づけてもよかろう．

```
1 # anova()によるモデルの比較
2 # 交互作用なしモデル
3 regress.cd <- lm(time ~ climb + distance)
4 # 交互作用ありモデル
5 regress.cd2 <- lm(time ~ climb + distance + climb*distance)
6 # F 検定によるモデルの比較
7 anova.cd <- anova(regress.cd, regress.cd2)
8 # LaTeX の表への出力
9 xtable(anova.cd)
```

表 **2.11**　交互作用なしモデルと交互作用ありモデルを比較するための F 検定

	Res.Df	SSR	Df	Sum of Sq	F	Pr(>F)
交互作用なし	32	2441.27				
交互作用あり	31	1669.38	1	771.89	14.33	0.0007

次に切片のみを含む一番単純なモデルから，climb と distance の交互作用を含む比較的複雑なモデルまで，線形予測子に含まれる共変量を 1 つずつ増やしていくときに得られる種々の線形モデルに対して最小 2 乗推定を行い，またモデルの良さを示す赤池情報量規準 AIC を計算しよう．そのためには標準的に用意されている step() 関数を使えばよい．step() 関数は MASS パッケージにある stepAIC() 関数を若干簡略化したものである (Venables and Ripley,

2002).

```
1 # 一番小さいモデル
2 null.lm <-lm(time ~ 1, data = ScotsRaces.dat)
3 # 変数増加法によるモデルの当てはめ
4 results.aic <-step(null.lm, direction="forward", scope=list(upper=~ climb +
     distance+climb*distance), trace = FALSE)
5 # 結果の表示
6 results.aic$anova
```

上のコードの第2行では，切片のみを含む最も単純な線形モデル`null.lm`をまず用意している．第4行では，モデル`null.lm`から出発し，変数増加法(前進的選択法) (`direction="forward"`) により，交互作用を含むモデルまで一連のモデルに対して最小2乗推定を行っている．出力された結果`results.aic`の中に含まれるモデルの比較のみに関する情報は第6行の`results.aic$anova`で抽出されている．`xtable(results.aic$anova)`により，得られた情報を表2.12にまとめた．

表 2.12 スコットランド・ヒル・レース・データに対しての前進的変数選択法の適用結果

	Step	Df	Deviance	Resid. Df	Resid. Dev	AIC
1				34.00	86340.14	275.37
2	+ distance	−1.00	76793.25	33.00	9546.89	200.30
3	+ climb	−1.00	7105.62	32.00	2441.27	154.57
4	+ climb:distance	−1.00	771.89	31.00	1669.38	143.27

表2.12の第1行は(切片のみの)初期モデル，第2行は初期モデルに共変量`distance`のみを加えたモデル，第3行は第2行のモデルに，共変量`climb`のみを加えたモデル，最後の第4行は事前に設定した最も複雑なモデルであり，第3行のモデルに，交互作用`climb:distance`のみを加えたモデルである．第3行のモデルは主効果のみのモデルであり，このモデルの情報量規準AICの値は第4行の交互作用を考慮したモデルのそれよりわずかに大きいことから，第4行の交互作用モデルが最善のモデルとして選択される．モデル選択の結果を`summary()`関数を用いて確認することができる．

```
> summary(results.aic)

Call:
lm(formula = time ~ distance + climb + distance:climb, data =
    ScotsRaces.dat)

Residuals:
    Min      1Q Median     3Q    Max
-23.197 -2.797  0.628 2.243 18.963

Coefficients:
               Estimate Std. Error t value Pr(>|t|)
(Intercept)     -0.7672     3.9058  -0.196  0.84556
distance         4.9623     0.4742  10.464 1.07e-11 ***
climb            3.7133     2.3647   1.570  0.12650
distance:climb   0.6598     0.1743   3.786  0.00066 ***
---
Signif. codes:  0 '***' 0.001 '**' 0.01 '*' 0.05 '.' 0.1 ' ' 1

Residual standard error: 7.338 on 31 degrees of freedom
Multiple R-squared:  0.9807,Adjusted R-squared:  0.9788
F-statistic: 524.1 on 3 and 31 DF,  p-value: < 2.2e-16
```

2.6.3 Rによる回帰診断

一般化線形モデルにおいて，モデルの妥当性を逸脱度やAICなどで計ることができるが，これらの量は相対的なものである．線形モデルによる解析結果の妥当性を保証するためには多くの仮定が必要である．主な仮定として，データの独立性，誤差の正規性，分散の均一性 (homoscedasticity)，データに外れ値がない，などの仮定が置かれている．これらの仮定の検証は回帰診断と呼ばれ，図を用いて視覚的に回帰診断を行うことが効果的である場合が多い．R では，関数 `lm()` の出力に `plot()` 関数を適用し，回帰診断図を描くことができる．次のような全部で6種類の回帰診断図が得られる．

plot.lm {stats} による回帰診断図

(1) 残差 (residual) 対予測値 (fitted value) プロット
(2) 標準化残差 (standardized residual) 対予測値プロット
(3) 正規 Q-Q プロット (normal Q-Q plot)
(4) クックの距離 (Cook's distance) 対行ラベル (row label)
(5) 残差対レバレッジ (leverage) プロット
(6) クックの距離対 [レバレッジ/(1− レバレッジ)] プロット

デフォルトでは，(1)，(2)，(3) と (5) の 4 種類の診断図が出力される．図 2.5 は，ヒル・レース・データに対する，登りと総距離の主効果のみのモデルにおける回帰診断図で，次の R のコードによって得られたものである．また，図 2.6 は，登りと総距離の交互作用を考慮したモデルにおける回帰診断図となっている．図 2.6 を出力するコードの記載は省略する．

```
1 # 主効果のみのモデル
2 regress.cd <- lm(time ~ climb + distance, data = ScotsRaces.dat)
3 # 図をファイルとして保存
4 postscript("diag_lm_cd.eps")
5 # 1ページ 4個の図を格納する
6 (mfrow = c(2, 2), oma = c(0, 0, 0, 2))
7 # 4種類の回帰診断図を描く
8 plot(regress.cd)
9 dev.off()
```

次に回帰診断を行うためのグラフである図 2.5 と図 2.6 の読み方について説明をする．

a. 残差対予測値プロット

誤差分布が正規分布で分散が均一であれば残差と予測値は理論上無相関であるため，残差と予測値の散布図から何らかの相関が見られた場合は，分散の不均一性 (heteroscedasticity) や，誤差の非正規性，またモデルの線形性を見直す必要があろう．それは線形モデルの仮定が正しければ，残差は何ら有用な情報を含まない白色雑音 (ホワイトノイズ; white noise) であり，また互いに独立で平均 0 の同一の分散をもつ正規分布に従うからである．

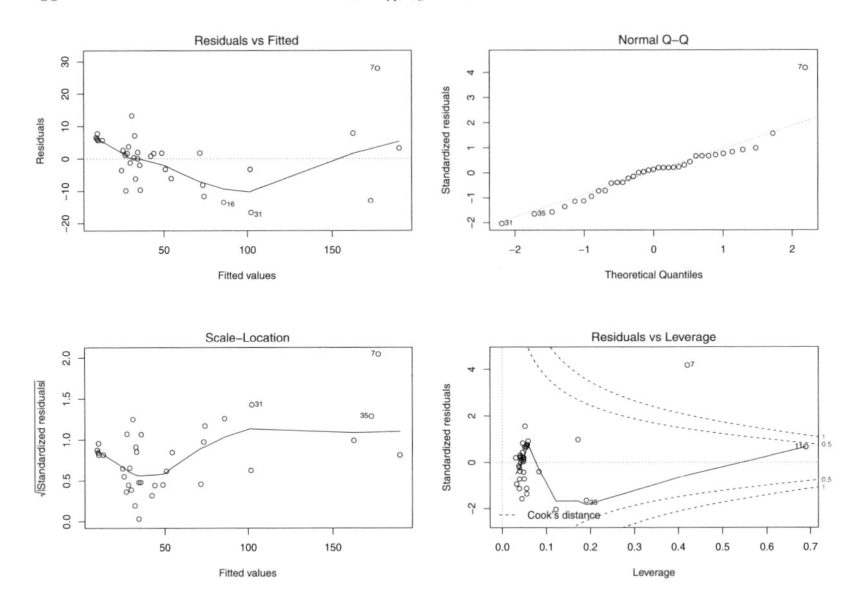

図 2.5　ヒル・レース・データの登りと総距離の主効果のみのモデルにおける回帰診断図

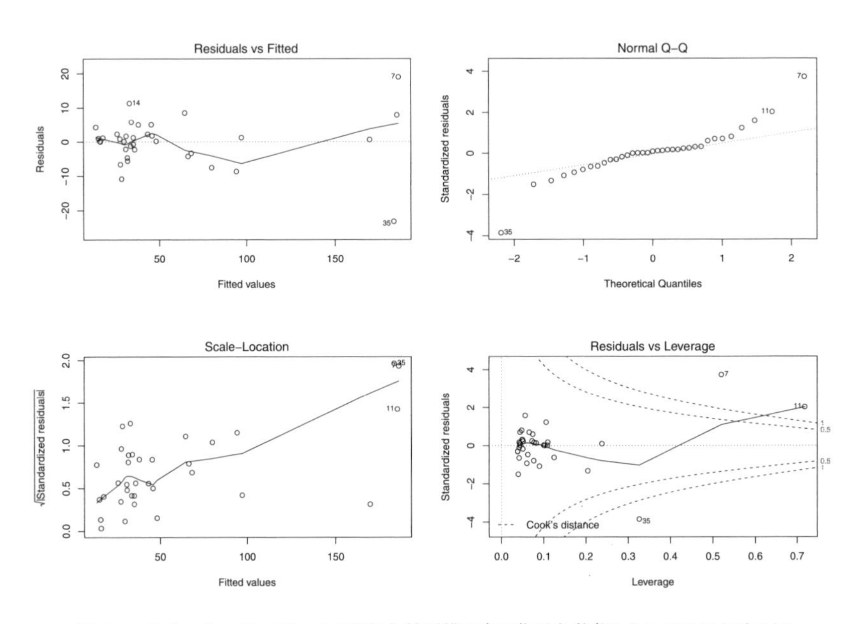

図 2.6　ヒル・レース・データの登りと総距離の交互作用を考慮したモデルにおける回帰診断図

b.　標準化残差対予測値プロット

この図の横軸はモデルによる予測値で，前項の「残差対予測値プロット」の横軸のそれと全く同じである．縦軸は，平均 0，分散 1 になるように標準化した残差の絶対値の平方根を表している．このプロットは分散の均一性 (homoscedasticity) の検査に有用である．分散が均一であれば，残差のばらつきは予測値の影響を受けず一定である．この図の中の実線は標準化残差のトレンド (傾向) を表していて，分散の均一性仮定が妥当であれば，トレンドはフラットであることが期待される．主効果のみのモデルから得られた図 2.5 (の左下の図) を見ると，等分散の仮定はおおむね成り立っているが，いくつかの観測値 (特に，31 番目，35 番目，7 番目の観測) によって，トレンドが右上の方に引っ張られている．

c.　正規 Q-Q プロット

標準化された残差に基づく経験分布が標準正規分布に従うかどうかを検査するためのグラフである．縦軸は標準化残差 (standardized residual) の順序統計量の値，横軸は理論分布である標準正規分布の対応する分位数 (quantile) である．2 つの分布が完全に一致すれば，原点を通る 45° 直線となる．`plot.lm {stats}` による Q-Q プロットには，外れ値と思われるデータの番号も示されている．例えば，主効果のみのモデルから得られた図 2.5 にある Q-Q プロットでは，31 番目，35 番目，7 番目のデータが示されている．一方，交互作用を考慮に入れたモデルから得られた図 2.6 にある Q-Q プロットでは，35 番目，11 番目，7 番目のデータが示されている．特に 35 番目と 7 番目のデータが両方のグラフにあることに注意しよう．

d.　標準化残差対レバレッジプロット

線形単回帰 (simple linear regression) の場合，最小 2 乗法により得られた最小 2 乗直線 ℓ は 2 次元平面上のデータの中心 $(\bar{x}, \bar{y})$ を通る直線である．データの感度 (sensitivity)，すなわち，1 つのデータが回帰分析の結果に与える影響度の観点からすれば，この直線は点 $(\bar{x}, \bar{y})$ を通るてこ (lever) として見ることができる．影響力の大きいデータポイントは，てこを自分側に引き寄せる力が大きく，最小 2 乗直線 ℓ を下に下げたり上に上げたりする．この力の大きさがてこ比またはレバレッジ (leverage) である．レバレッジは 1 つの独立変数 (共変量) と自分を除いたその他の独立変数とのある種の乖離を表す尺度である．ある p 次元の空間の点として，ある独立変数の近傍にデータがなければ，この観測値のレバレッジは高くなる．モデルは高いレバレッジをもつ点を通ろうとするので，標準化残差対レバレッジプロットはこれらの点の影響度を観察するためのグラフと言えよう．

レバレッジの大きいデータポイントは，当てはめたモデルを引き寄せるので，予測値 $\widehat{y}_i$ と観測値 y_i の差が見かけ上小さい．これを考慮して調整を行ったのが標準化残差である．

n を観測値の個数，p を共変量の個数 (次元) としたとき，デザイン行列 $\boldsymbol{X}$ は $n \times p$ の行列である．$n \times n$ の行列 $\boldsymbol{H} = \boldsymbol{X}(\boldsymbol{X}'\boldsymbol{X})^{-1}\boldsymbol{X}'$ はハット行列 (hat matrix) と呼ばれ，$\boldsymbol{H}$ の i 番目の対角要素 h_{ii} が i 番目のデータのレバレッジと定義される．レバレッジはデータの回帰モデルに対する影響度を表す重要な指標の 1 つである．レバレッジはデータの自分自身における感度としても理解することができる．実際，y_i を i 番目の観測値，$\widehat{y}_i$ を y_i のモデルによる予測値としたとき，$h_{ii} = \partial \widehat{y}_i / \partial y_i$ となることが確認できる．

j 番目の観測値の影響を調べる方法の 1 つとして，j 番目の観測値以外のデータから同じモデルを当てはめ，得られた予測値ベクトル $\widehat{\boldsymbol{y}}_{\jmath}$ と全データに基づく予測値ベクトル $\widehat{\boldsymbol{y}}$ とのずれを計ればよい．この発想に基づく基準がクックの距離 (Cook's distance) である．具体的に j 番目の観測値のクックの距離は

$$D_j = \frac{(\widehat{\boldsymbol{y}} - \widehat{\boldsymbol{y}}_{\jmath})'(\widehat{\boldsymbol{y}} - \widehat{\boldsymbol{y}}_{\jmath})}{(p+1)s^2}$$

で定義される．ただし，p は共変量の次元で，s^2 は誤差分散の不偏推定量である．クックの距離はレバレッジを用いて

$$D_j = \frac{1}{1+p} r_j^2 \frac{h_{jj}}{1-h_{jj}}$$

と表現できることも知られている．ただし，r_j は

$$r_j = \frac{y_j - \widehat{y}_j}{s\sqrt{1-h_{jj}}}$$

と定義される標準化残差である．回帰診断図ではクックの距離 (実線) が，図の中央にある (値が 0 の) 点線の近くにあることを期待するが，クックの距離が

0.5 を超えるとそのデータは影響が‘大きい’とされ，また 1 を超えると影響が‘特に大きい’とされる．

次の 4 つの仮定 [A1]–[A4] が線形モデルにおける主な仮定である．

線形モデルの仮定

[A1] 線形性の仮定：$E(Y_i|\boldsymbol{X}) = \boldsymbol{x}_i{}'\boldsymbol{\beta} \quad (i = 1, \ldots, n)$

[A2] 等分散の仮定：$\mathrm{Var}(Y_i|\boldsymbol{X}) = \sigma^2 \quad (i = 1, \ldots, n)$

[A3] 無相関の仮定：$\mathrm{Cov}(Y_i, Y_j|\boldsymbol{X}) = 0 \quad (i \neq j)$

[A4] 正規性の仮定：$(\boldsymbol{Y}|\boldsymbol{X}) \sim N(\boldsymbol{0}, \sigma^2\boldsymbol{I})$

これらの仮定についてまとめて検定を行う方法が Pena and Slate (2006) によって提案されている．検定統計量

$$\widehat{G}_4^2 = \widehat{S}_1^2 + \widehat{S}_2^2 + \widehat{S}_3^2 + \widehat{S}_4^2 \tag{2.5}$$

に基づいて，

H_0： [A1]–[A4] が全て成立

H_A： [A1]–[A4] のうち少なくとも 1 つは成立しない

という全体的な検定を行うことができる．$\widehat{S}_i^2$ $(i = 1, 2, 3, 4)$ はいずれも標準化された残差に基づいて定義された統計量であり，それぞれ次のような特徴を持つ．

- $\widehat{S}_1^2$ の値が大きいとき：分布が歪んでいる (skewed) 可能性がある．
- $\widehat{S}_2^2$ の値が大きいとき：尖度 (kurtosis) が正規分布のそれからずれている可能性がある．
- $\widehat{S}_3^2$ の値が大きいとき：線形性の設定が疑わしい．原因として，例えば，線形予測子に入れるべき共変量が含まれていない．
- $\widehat{S}_4^2$ の値が大きいとき：等分散の仮定が疑わしい．

帰無仮説の下で，$\widehat{G}_4^2$ は近似的に自由度 4 の χ^2 分布に従うことから，$\widehat{G}_4^2 > \chi^2_{4;\alpha}$ のとき，H_0 を棄却すればよい．ただし，$\chi^2_{4;\alpha}$ は自由度 4 の χ^2 分布の $100(1-\alpha)$ パーセント点である．線形モデルの妥当性の全体的検証を行うための `R` のパッケージ `gvlma` (global validation of linear model assumptions) を使えば，検定統計量 $\widehat{G}_4^2$ に基づく検定を行うことができる．検定を行うための主な関数は

gvlma() である．例えば，ヒル・レース・データにおける主効果のみの線形モデルの妥当性を検証するには，次のように行えばよい．gvlma() のデフォルト有意水準は 5% である．

```
# 線形モデルの大域的妥当性を検証するためのパッケージ
library(gvlma)
# 主効果モデル
regress.cd <- lm(time ~ climb + distance, data=ScotsRaces.dat)
# 全体的および個別検定
gvmodel <- gvlma(regress.cd)
summary(gvmodel)
```

表 2.13 は，summary() 関数の出力を xtable() に渡して生成されたものである．第 1 行に大域的検定の結果が示されている．残りの 4 行は，それぞれ $\widehat{S}_i^2$ に基づく歪度，尖度，連結関数と分散の不均一性検定の結果である．主効果のみの線形モデルの結果を示す表 2.13 から，全体の検定では帰無仮説が棄却されている．個別的に見てみると，尖度と連結関数 (いまの場合，恒等関数) に関する検定でも帰無仮説は棄却されている．関数 gvlma() を交互作用を含む線形モデルに対して適用して得られた結果が表 2.14 である．全体の検定では帰無仮説が同様に棄却されている．個別的検定においては，連結関数として恒等関数の採用は受け入れたものの，尖度は正規分布の尖度とのずれが依然として有

表 **2.13**　gvlma() 関数による主効果のみの線形モデルに対する大域的検定

	Value	p-value	Decision
Global Stat	19.60	0.0006	Assumptions NOT satisfied!
Skewness	2.09	0.1484	Assumptions acceptable.
Kurtosis	4.88	0.0272	Assumptions NOT satisfied!
Link Function	12.12	0.0005	Assumptions NOT satisfied!
Heteroscedasticity	0.52	0.4723	Assumptions acceptable.

表 **2.14**　gvlma() 関数による交互作用を含む線形モデルに対する大域的検定

	Value	p-value	Decision
Global Stat	17.50	0.0015	Assumptions NOT satisfied!
Skewness	1.38	0.2406	Assumptions acceptable.
Kurtosis	12.65	0.0004	Assumptions NOT satisfied!
Link Function	2.12	0.1455	Assumptions acceptable.
Heteroscedasticity	1.36	0.2440	Assumptions acceptable.

意になっている.

car パッケージにある関数 ncvTest() と durbinWatsonTest() を用いて，次のように等分散の仮定とデータの独立性の仮定を行うこともである.

```
1 library(car)
2 # 交互作用ありモデル
3 regress.cd2 <- lm(time ~ climb + distance + climb*distance, data=
      ScotsRaces.dat)
4 # 分散の均一性検定
5 ncvTest(regress.cd2)
6 # 誤差の独立性の検定
7 durbinWatsonTest(regress.cd2)
```

交互作用ありのモデルに対して上のスクリプトを実行すると，分散の均一性は認められない一方，誤差の独立性の仮定は受け入れられている．ncvTest() はブルーシュ・ペイガン検定 (Breusch and Pagan, 1979; Cook and Weisberg, 1983) に基づいている．一方，durbinWatsonTest() は残差自己相関 (residual autocorrelation) を計算し，一般化ダービン・ワトソン統計量 (generalized Durbin–Watson statistic) に基づくブートストラップ p 値を計算している (詳しくは Fox (2008) を参照).

Chapter 3

2 値データの解析

種子の発芽の有無，製品の故障の有無，患者の生存・死亡など，2 値データはさまざまな分野で観察される．この章では一般化線形モデルの枠組みでロジスティック回帰モデルを中心に 2 値データ解析の理論と実際について解説を行う．異文化感受性データと客船タイタニックの遭難データを事例研究として取り上げる．

3.1 2 項 分 布

コインを独立に n 回投げて，表の出る回数を X とすると，X は 2 項分布に従う．すなわち，ベルヌーイ確率変数 $X_i \sim \mathrm{Bi}(1, p)\ (i = 1, \ldots, n)$ が互いに独立と仮定できるとき，$X = \sum_{i=1}^{n} X_i \sim \mathrm{Bi}(n, p)$ は，インデックス n，パラメータ p の 2 項分布に従う．X の確率関数 $f(x; p) = P(X = x)$ は次のように与えられる．

$$
\begin{aligned}
f(x; p) &= \binom{n}{x} p^x (1-p)^{n-x} \\
&= \frac{n!}{x!(n-x)!} p^x (1-p)^{n-x}, \quad x = 0, 1, \ldots, n \qquad (3.1)
\end{aligned}
$$

2 項分布とポアソン分布の間には密接な関連がある．実際，2 項分布はポアソン分布の条件付き分布として導出できる．平均 μ_i をもつポアソン確率変数 $Y_i\ (i = 1, 2)$ が独立であれば，$Y_1 + Y_2 = m$ を固定したとき，Y_1 の '成功' する確率が $\pi = \mu_1/(\mu_1 + \mu_2)$ の 2 項分布に従うことが知られている．すなわち，

$$
P(Y_1 = y \,|\, Y_1 + Y_2 = m) = \binom{m}{y} \pi^y (1-\pi)^{m-y}, \quad y = 0, 1, \ldots, m
$$

2 項分布 $Y \sim \mathrm{Bi}(n,p)$ の積率母関数 $M(t)$ は次のようになる.

$$M(t) = E(e^{tY}) = \left\{(1-p) + pe^t\right\}^n \tag{3.2}$$

したがって，Y のキュミュラント母関数は

$$K(t) = \log M(t) = n\left(1 - p + pe^t\right) \tag{3.3}$$

キュミュラント母関数 $K(t)$ のテイラー展開により，Y の 4 次までのキュミュラントは次のようになる.

$$\begin{aligned} \kappa_1 &= mp, & \kappa_3 &= m(1-p)(1-2p)\,, \\ \kappa_2 &= mp(1-p), & \kappa_4 &= mp(1-p)\{1-6p(1-p)\} \end{aligned}$$

2 項分布は適当な条件の下で，正規分布による近似が有効である．$Y \sim \mathrm{Bi}(m,\pi)$ のとき，次の変数変換を考える.

$$Z = \frac{Y - m\pi}{\sqrt{m\pi(1-\pi)}}$$

Y のキュミュラントが m に比例することから，Z の各次のキュミュラントの次数はそれぞれ，$0, 1, O(m^{-1/2}), O(m^{-1}), \ldots,$ となる．Z の r 次のキュミュラントの次数は $O(m^{-1-r/2})$ $(r \geq 2)$ であり，m が大きくなっていくと，Z の r 次 $(r > 2)$ のキュミュラントは 0 に収束し，標準正規分布のそれぞれのキュミュラントに一致することがわかる．このことは，キュミュラントの一意性から，Z の極限分布が標準正規分布 $N(0,1)$ であることを意味する．この事実を用いて，2 項確率は

$$P(Y \geq y) \approx 1 - \Phi(z^-), \quad P(Y \leq y) \approx \Phi(z^+) \tag{3.4}$$

と近似的に計算できる．ただし，$\Phi(\cdot)$ は $N(0,1)$ の分布関数であり，また z^+ と z^- は次のように連続補正を施した量である.

$$z^- = \frac{y - m\pi - 0.5}{\sqrt{m\pi(1-\pi)}}, \quad z^+ = \frac{y - m\pi + 0.5}{\sqrt{m\pi(1-\pi)}}$$

連続補正による確率計算に対する影響の大きさは $O(m^{-1/2})$ であり，m が大きいときには，この影響は無視できよう．経験的に次の条件

$$m\pi(1-\pi) \geq 2, \quad |z^{-1}|,\ |z^+| \leq 2.5$$

が満たされるとき，正規分布による 2 項確率の近似 (3.4) の精度が良いことが

知られている．

ある種の条件の下で，2 項分布はポアソン分布で近似できることも知られている．具体的に，Y が 2 項分布 $\mathrm{Bi}(m,\theta)$ に従い，次の条件

$$\theta \to 0, \quad m \to \infty, \quad m\theta = \mu \tag{3.5}$$

が満たされると仮定する．このとき，Y のキュムラント母関数の極限は次のようになる．

$$K(t) = \frac{\mu}{\theta}\log\{1+\theta(e^t-1)\} \to \mu(e^t-1), \quad \theta \to 0$$

この極限は平均 μ のポアソン分布のキュムラント母関数と一致する．したがって，2 項分布は条件 (3.5) の下で平均 μ のポアソン分布に収束する．2 項分布 $\mathrm{Bi}(m,\theta)$ の全てのキュムラントとその極限であるポアソン分布の対応するキュムラントとの差は $O(1/m)$ であるため，ポアソン分布に基づく 2 項確率の近似計算の誤差も $O(1/m)$ である．正規分布による確率の近似計算の誤差が $O(1/\sqrt{m})$ なので，m が大きくないときにはポアソン近似による確率の計算がより精度が高いと期待される．

3.2　ロジスティック回帰モデル

互いに独立で，2 項分布に従う確率変数 $Y_i \sim \mathrm{Bi}(m_i,\pi_i)$ の実現値 $y_i\,(i=1,\ldots,n)$ が得られているとする．それぞれの y_i に対応する p 個の共変量 $\boldsymbol{x}_i=(x_{i1},\ldots,x_{ip})^t$ が同時に観測されている状況を考える．一般化線形モデルにおいては，$\boldsymbol{x}_i$ の確率 π に対する影響を次のように仮定する．

$$g(\pi) = \eta_i = \beta_1 x_{i1} + \beta_2 x_{i2} + \cdots + \beta_p x_{ip}, \quad i=1,\ldots,n \tag{3.6}$$

ここで，η_i は線形予測子，$g(\cdot)$ は連結関数で，パラメータ $\boldsymbol{\beta}=(\beta_1,\ldots,\beta_p)^t$ の推測が問題である．よく用いられる連結関数としてロジット関数とプロビット関数がある．

2 値データの場合の連結関数

2 値データの解析において，次の連結関数がよく用いられている．

1） **(ロジット関数)** この関数は

$$g_1(\pi) = \log \frac{\pi}{1-\pi}$$

と定義される．ロジット関数を用いたときのモデルをロジスティックモデルと呼び，2 値データの解析においては標準的なモデルとなる．

2) **(プロビット関数)** 歴史的には，

$$g_2(\pi) = \Phi^{-1}(\pi)$$

と定義されるプロビット関数もよく使われた．ここで，$\Phi(\cdot)$ は $N(0,1)$ の分布関数である．

図 3.1 では，ロジット関数とプロビット関数の比較を行っている．横軸は確率を表していて，縦軸は線形予測子の値を表している．確率が 0.5 周辺のとき，この 2 つの関数の値に大きな差はないが，確率が 0 と 1 に近いとき，ロジット関数の絶対値がより大きな負の値をとる．

ロジスティック回帰モデルの仮定は当然当たり前ではなく，その妥当性を逸脱度などを用いて常にチェックする必要がある．2 値データの解析において，ロジスティック回帰モデルが多用される理由の 1 つにモデルにおけるパラメータの解釈が容易な点が挙げられる．ここで，パラメータの解釈に関して，2 つの共変量 x_1, x_2 の場合について考えてみよう．‘成功’ する確率を π とし，対数オッ

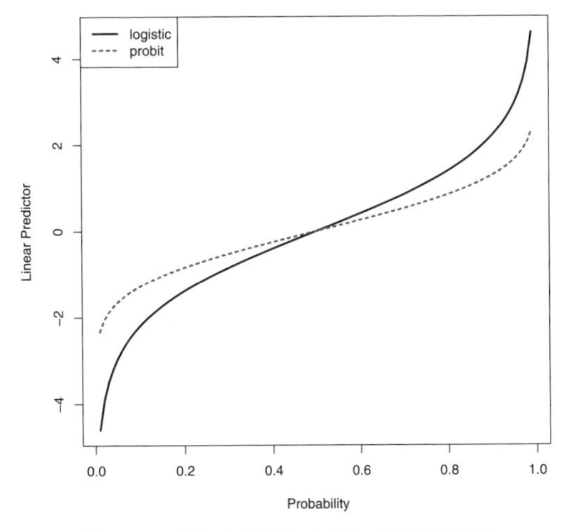

図 3.1 ロジット関数とプロビット関数の比較

ズに対して次のモデル

$$\log\left(\frac{\pi}{1-\pi}\right) = \beta_0 + \beta_1 x_1 + \beta_2 x_2$$

を考える．したがって，オッズは

$$\frac{\pi}{1-\pi} = \exp\left(\beta_0 + \beta_1 x_1 + \beta_2 x_2\right)$$

となる．確率 π について解くと，

$$\pi = \frac{\exp\left(\beta_0 + \beta_1 x_1 + \beta_2 x_2\right)}{1 + \exp\left(\beta_0 + \beta_1 x_1 + \beta_2 x_2\right)}$$

となる．これらの式から，共変量の与える影響は次のようにまとめられる．

- x_1 が 1 単位分増えるごとに，対数オッズ $\log \pi/(1-\pi)$ が β_1 だけ増加する．
- x_1 が 1 単位分増えるごとに，正の応答が得られるオッズ $\pi/(1-\pi)$ の増加が e_1^{β} に比例する．
- 確率 π の共変量 x_1 に対する変化率は

$$\frac{\partial \pi}{\partial x_1} = \pi(1-\pi)\beta_1$$

  となり，右辺が $\pi = 1/2$ で最大値をとる．このことから，π の値が 0.5 前後のとき，0 と 1 の両端に近い値に比べて，x_1 の値により敏感に反応する．

ロジスティック回帰モデルが愛用されるもう 1 つの理由は，後ろ向き研究 (retrospective study) に利用できるからである．プロビットモデルなどでは，前向き研究 (prospective study) を前提にしている．典型的な前向き研究では，あるリスク要因に曝露されている対象とそうでない対象を抽出し，発病のあり・なしなどを観察する．病気がまれな場合など，前向き研究は非常に効率が悪い．一方，後ろ向き研究では，病院のカルテなどに基づいて，病気あり・なしの個人を抽出し，続いて抽出された個人の曝露状況を調べる．ここで，リスク要因に曝露されているグループを X とし，曝露されていないグループを $\overline{X}$ とする．また，病気ありグループを D とし，病気なしグループを $\overline{D}$ とする．それぞれの状況に対応する確率を表 3.1 のようにまとめることができる．

前向き研究のときのロジットの差は

$$\Delta_P = \log\frac{\pi_{11}}{\pi_{10}} - \log\frac{\pi_{01}}{\pi_{00}}$$

表 3.1　リスク要因の曝露と疾病の確率

	病気なし $\overline{D}$	病気あり D
曝露あり $\overline{X}$	π_{00}	π_{01}
曝露なし X	π_{10}	π_{11}

である．一方，後ろ向き研究のときのロジットの差は

$$\Delta_R = \log\frac{\pi_{11}}{\pi_{01}} - \log\frac{\pi_{10}}{\pi_{00}}$$

であるので，$\Delta_P = \Delta_R$ となる．

より一般的に，複数の曝露群や説明変数が存在するとき，ロジスティックモデルを仮定した場合の条件付き確率は

$$P(D\,|\,\boldsymbol{x}) = \frac{\exp(\alpha + \boldsymbol{\beta}'\boldsymbol{x})}{1 + \exp(\alpha + \boldsymbol{\beta}'\boldsymbol{x})} \tag{3.7}$$

となる．共変量 $\boldsymbol{x}$ の中に曝露に関する情報や他のリスク要因が含まれている．このモデルは前向き研究に対してはむろん有効である．一方，後ろ向き研究についても有効であることを見てみよう．そのために，ある個人が抽出されるかどうかのダミー変数 Z を導入し，また抽出率については，

$$\pi_0 = P(Z = 1\,|\,D),\quad \pi_1 = P(Z = 1\,|\,\overline{D})$$

と仮定する．ここで，2 群における抽出率 π_0 と π_1 が $\boldsymbol{x}$ に依存しないことに注意する．ここでベイズの定理を用いて，抽出された個人で，変量 $\boldsymbol{x}$ をもつときの病気にかかる確率を次のように計算することができる．

$$\begin{aligned}
P(D\,|\,Z = 1, \boldsymbol{x}) &= \frac{P(Z = 1\,|\,D, \boldsymbol{x})\,P(D\,|\,\boldsymbol{x})}{P(Z = 1\,|\,D, \boldsymbol{x})\,P(D\,|\,\boldsymbol{x}) + P(Z = 1\,|\,\overline{D}, \boldsymbol{x})\,P(\overline{D}\,|\,\boldsymbol{x})} \\
&= \frac{\pi_0 \dfrac{\exp(\alpha + \boldsymbol{\beta}'\boldsymbol{x})}{1 + \exp(\alpha + \boldsymbol{\beta}'\boldsymbol{x})}}{\pi_0 \dfrac{\exp(\alpha + \boldsymbol{\beta}'\boldsymbol{x})}{1 + \exp(\alpha + \boldsymbol{\beta}'\boldsymbol{x})} + \pi_1 \dfrac{1}{1 + \exp(\alpha + \boldsymbol{\beta}'\boldsymbol{x})}} \\
&= \frac{\pi_0 \exp(\alpha + \boldsymbol{\beta}'\boldsymbol{x})}{\pi_1 + \pi_0 \exp(\alpha + \boldsymbol{\beta}'\boldsymbol{x})} \\
&= \frac{\exp(\alpha^* + \boldsymbol{\beta}'\boldsymbol{x})}{1 + \exp(\alpha^* + \boldsymbol{\beta}'\boldsymbol{x})}
\end{aligned} \tag{3.8}$$

後ろ向き研究によって収集されているデータに基づいて得られたモデル (3.8) が，前向き研究におけるモデル (3.7) と同じであるだけではなく，回帰パラメー

タ $\boldsymbol{\beta}$ も同じである．異なるのは切片のみであり，切片を撹乱母数とすれば，前向きロジスティックモデルについての考察は，そのまま後ろ向き研究にも適用可能である (Armitage, 1971; Breslow and Day, 1980).

3.3 パラメータの最尤推定

$Y_1, \ldots, Y_n$ を互いに独立に 2 項分布

$$Y_i \sim \mathrm{Bi}(m_i,\ \pi_i), \quad i = 1, \ldots, n \tag{3.9}$$

に従う確率変数とする．このときの $\boldsymbol{\pi} = (\pi_1, \ldots, \pi_n)'$ に対する対数尤度は

$$\ell(\boldsymbol{\pi}; \boldsymbol{y}) = \sum_{i=1}^{n} \left\{ y_i \log \frac{\pi_i}{1 - \pi_i} + m_i \log(1 - \pi_i) \right\} \tag{3.10}$$

(3.10) 式からは，以降の議論に全く影響を与えない，パラメータ $\boldsymbol{\pi}$ と無関係の項である $\sum_{i=1}^{n} \log \binom{m_i}{y_i}$ が省かれている．一般化線形モデルにおいては，π_i と回帰パラメータ $\boldsymbol{\beta} = (\beta_1, \ldots, \beta_p)'$ の間に，連結関数 $g(\cdot)$ を通して，次のような関係

$$g(\pi_i) = \eta_i = \sum_{j=1}^{p} x_{ij} \beta_j \tag{3.11}$$

が仮定される．最終的に (3.11) 式を (3.10) 式に代入して，回帰パラメータ $\boldsymbol{\beta}$ に関する議論を展開する必要があるが，いまの段階では，線形予測子の部分をまとめて議論を展開するメリットがいくつもあろう．例えば，いくつかのモデルを比較したいとき，(3.11) 式の部分に関連する共変量を組み込んだり除外したりすればよく，尤度の部分 (3.10) は全く変わることはない．特に，ロジスティックモデルの場合は，

$$g(\pi_i) = \eta_i = \log \frac{\pi_i}{1 - \pi_i} = \sum_{j=1}^{p} x_{ij} \beta_j \tag{3.12}$$

となり，これを (3.10) 式に代入すると，$\boldsymbol{\beta}$ に対する対数尤度は次のようになる．

$$\ell(\boldsymbol{\beta}; \boldsymbol{y}) = \sum_{i=1}^{n} y_i \boldsymbol{\beta}' \boldsymbol{x}_i - \sum_{i=1}^{n} m_i \log \left\{ 1 + \exp(\boldsymbol{\beta}' \boldsymbol{x}_i) \right\} \tag{3.13}$$

(3.13) 式の第 2 項が反応変数 $\boldsymbol{y}$ に依存していないことに注意する．また，第 1 項は，$p = \dim(\boldsymbol{\beta})$ 個の線形結合 $\boldsymbol{X}'\boldsymbol{y}$ に依存する形となっていることから，フィッシャーの分解定理により，この p 個の線形結合は $\boldsymbol{\beta} = (\beta_1, \ldots, \beta_p)'$ の十分統計量となっていることがわかる．

対数尤度関数を β_r に対して微分すると次のようになる．

$$\frac{\partial \ell}{\partial \beta_r} = \sum_{i=1}^{n} \frac{\partial \ell}{\partial \pi_i}\frac{\partial \pi_i}{\partial \beta_r} = \sum_{i=1}^{n} \frac{y_i - m_i\pi_i}{\pi_i(1-\pi_i)}\frac{\partial \pi_i}{\partial \beta_r}$$

上の式の $\partial\pi_i/\partial\beta_r$ について，チェーンルールを適用すると，次の便利な式が得られる．

$$\frac{\partial \pi_i}{\partial \beta_r} = \frac{d\pi_i}{d\eta_i}\frac{\partial \eta_i}{\partial \beta_r} = \frac{d\pi_i}{d\eta_i}x_{ij}$$

上の表現を用いると，

$$\frac{\partial \ell}{\partial \beta_r} = \sum_{i=1}^{n} \frac{y_i - m_i\pi_i}{\pi_i(1-\pi_i)}\frac{d\pi_i}{d\eta_i}x_{ij} \tag{3.14}$$

一方，対数尤度の 2 階微分の期待値である，$\boldsymbol{\beta}$ に関するフィッシャー情報行列は，次のように計算できる．

$$\begin{aligned} -E\left(\frac{\partial^2 \ell}{\partial \beta_r \beta_s}\right) &= \sum_{i=1}^{n} \frac{m_i}{\pi_i(1-\pi_i)}\frac{\partial \pi_i}{\partial \beta_r}\frac{\partial \pi_i}{\partial \beta_s} \\ &= \sum_{i=1}^{n} m_i \frac{(d\pi_i/d\eta_i)^2}{\pi_i(1-\pi_i)} x_{ir}x_{is} \\ &= \left(\boldsymbol{X}'\boldsymbol{W}\boldsymbol{X}\right)_{rs} \end{aligned} \tag{3.15}$$

ただし，$\boldsymbol{W}$ は

$$\boldsymbol{W} = \mathrm{diag}\left\{\frac{m_i(d\pi_i/d\eta_i)^2}{\pi_i(1-\pi_i)}\right\}$$

で定義される対角行列である．ロジスティックモデルにおけるスコア関数を，行列の記号で書くと，

$$\frac{\partial \ell}{\partial \boldsymbol{\beta}} = \boldsymbol{X}'(\boldsymbol{y} - \boldsymbol{\mu})$$

となる．したがって，この場合の尤度方程式は

$$\boldsymbol{X}'\boldsymbol{y} = \boldsymbol{X}'\boldsymbol{\mu}$$

となる．この尤度方程式の左辺は $\boldsymbol{\beta}$ に対する十分統計量で，右辺はちょうどその期待値となっている．したがって，この場合の最尤法は十分統計量に基づいたモーメント法と言えよう．さらに，フィッシャー情報行列における対角行列 $\boldsymbol{W}$ は，

$$\boldsymbol{W} = \mathrm{diag}\,\{m_i \pi_i (1-\pi_i)\}$$

と簡略化できることに注意する．

ニュートン・ラフソン法により，回帰パラメータの最尤推定量を次のようにして求めることができる．まず，$\boldsymbol{\beta}$ の初期値として，$\widehat{\boldsymbol{\beta}}_0$ を用意する．初期値を決めた後に，対応する確率の値 $\widehat{\boldsymbol{\pi}}_0$ と線形予測子の値 $\widehat{\boldsymbol{\eta}}_0$ をそれぞれ計算する．次に，これらの値を用いて調整済み従属変数 (adjusted dependent variate) z_i を

$$z_i = \widehat{\eta}_i + \frac{y_i - m_i\widehat{\pi}_i}{m_i}\frac{d\eta_i}{d\pi_i}$$

と計算する．これらの値は全て初期値 $\widehat{\boldsymbol{\beta}}_0$ の下で計算される．最尤推定量は次の方程式

$$\boldsymbol{X}'\boldsymbol{W}\boldsymbol{X}\widehat{\boldsymbol{\beta}} = \boldsymbol{X}'\boldsymbol{W}\boldsymbol{Z} \tag{3.16}$$

を満たすことから，更新される推定値は次のようになる

$$\widehat{\boldsymbol{\beta}}_1 = \left(\boldsymbol{X}'\boldsymbol{W}\boldsymbol{X}\right)^{-1}\boldsymbol{X}'\boldsymbol{W}\boldsymbol{Z} \tag{3.17}$$

ただし，(3.17) 式の右辺は全て初期値 $\widehat{\boldsymbol{\beta}}_0$ の下で計算される．適当な正則条件の下で，アルゴリズム (3.17) は通常は最尤推定値に収束する．収束しないときによく見られる原因として，いくつかの確率の当てはめ値 (fitted value) が 0，あるいは 1 になってしまうことが考えられる．また，データが疎な (sparse) ときも問題が生じることが多い．さらに，いくつかの観測対象に対して，観測値が '退化' してしまった場合，すなわち，全てが '失敗' ($y_i = 0$)，あるいは，全てが '成功' ($y_i = m_i$) の場合も，パラメータの推定値が無限になってしまう場合がある．最尤推定量の存在性と一意性を保証するための条件として，

- 対数尤度関数が凹関数であること
- 全ての i に対して，$0 < y_i < m_i$ が成り立つこと

の 2 つの条件が知られている (Wedderburn, 1976; Haberman, 1977)．初期値 $\widehat{\boldsymbol{\beta}}_0$ の計算においては，'退化' するケースも想定して，

$$\widetilde{\mu} = \frac{y + 1/2}{m + 1}$$

に基づいて行われる場合がある．

3.3.1 最尤推定量の偏りと分散

最尤推定量 $\widehat{\boldsymbol{\beta}}$ は漸近的に不変な推定量である．偏りのオーダーは $O(1/n)$ であることが知られている．すなわち，

$$E(\widehat{\boldsymbol{\beta}}) = \boldsymbol{\beta} + O\left(\frac{1}{n}\right) \tag{3.18}$$

また，$\widehat{\boldsymbol{\beta}}$ の漸近分散はフィッシャー情報行列の逆行列となることも知られている．すなわち，

$$\mathrm{Cov}(\widehat{\boldsymbol{\beta}}) = (\boldsymbol{X}'\boldsymbol{W}\boldsymbol{X})^{-1} + O\left(\frac{1}{n}\right) \tag{3.19}$$

これらの漸近的な性質は n に対して成立するが，n が固定されたとき，2 項分布のインデックス $\boldsymbol{m} = (m_1, \ldots, m_n)$ の各成分が無限に近づけば，同様な漸近的な結果が得られる．例えば，全ての成分 m_i が同じオーダーをもつとき，$\widehat{\boldsymbol{\beta}}$ の偏りと分散に関する式である (3.18) 式と (3.19) 式が同様に成り立つ．ただし，この場合の誤差のオーダーは $O(1/m_i)$ となる．

3.4 逸　脱　度

モデルの適切さを評価する重要な指標として，残差逸脱度がある．この指標は，考えられる最大対数尤度とモデルにおける最大対数尤度との差の 2 倍で定義される．すなわち，

$$\text{残差逸脱度} = 2 \times \{\,\text{最大対数尤度} - \text{モデル最大対数尤度}\,\}$$

あるモデル H_0 の下での確率の当てはめ値を $\widehat{\pi}$ とすると，対数尤度は

$$\ell(\widehat{\boldsymbol{\pi}}; \boldsymbol{y}) = \sum_{i=1}^{n} \{y_i \log \widehat{\pi}_i + (m_i - y_i) \log(1 - \widehat{\pi})\}$$

となる．全てのモデルの中で，$\widetilde{\pi}_i = y_i/m_i$ のとき，$\ell(\widetilde{\boldsymbol{\pi}}; \boldsymbol{y})$ が最大値をとる．したがって，逸脱度は次のようになる

$$
\begin{aligned}
D(\boldsymbol{y};\widehat{\boldsymbol{\pi}}) &= 2\left\{\ell(\widetilde{\boldsymbol{\pi}};\boldsymbol{y}) - \ell(\widehat{\boldsymbol{\pi}};\boldsymbol{y})\right\} \\
&= 2\sum_{i=1}^{n}\left\{y_i \log\frac{y_i}{\widehat{\mu}_i} + (m_i - y_i)\log\frac{m_i - y_i}{m_i - \widehat{\mu}_i}\right\}
\end{aligned}
$$

この関数は，残差 2 乗和や重み付き残差 2 乗和と類似した振る舞いをすることが知られている．モデルにより多くの共変量が追加される場合には，一般的に当てはめが良くなり，逸脱度はそれに従って小さくなる．

p をモデルにおけるパラメータの数とすると，逸脱度 $D(\boldsymbol{Y};\widehat{\boldsymbol{\pi}})$ は次の条件の下で，漸近的に自由度 $n-p$ の χ^2 分布 χ^2_{n-p} に収束することが知られている．

(1) 観測値は互いに独立に 2 項分布に従う．

(2) 共変量のカテゴリの数 $\dim(\boldsymbol{y}) = n$ は一定で，全ての m_i について，$m_i \to \infty$ で，また $m_i\pi_i(1-\pi_i) \to \infty$ である．

2 項分布の仮定 (1) が妥当でない典型的な例は，過分散が存在する場合であろう．また，仮定 (2) の下で，逸脱度 D は近似的に最尤推定量 $\widehat{\boldsymbol{\beta}}$ および確率の推定量 $\widehat{\boldsymbol{\pi}}$ と独立であることが知られている．この独立性が D を適合度統計量 (goodness-of-fit statistic) として使う根拠ともなっている．しかし，逸脱度 D はモデルを識別するための検定統計量として，いつも検出力が高いという保証はない．

もし，n が大きく，また $m_i\pi_i(1-\pi_i)$ が有界であれば，上の漸近論は 2 つの側面において破綻する．1 つ目は，逸脱度 χ^2 近似が成立しなくなる．もう 1 つより重要なこととして，逸脱度 D と $\widehat{\boldsymbol{\pi}}$ との独立性も崩れる．これは逸脱度 D の大きさが，$\boldsymbol{\pi}$ と $\boldsymbol{\beta}$ に依存し，$\boldsymbol{\pi}$ あるいは $\boldsymbol{\beta}$ の値によって大きくなることもあることを意味する．したがって，逸脱度 D が大きいことは，必ずしも当てはめの悪さを意味しない．

当然のことかもしれないが，逸脱度はモデルを評価するための絶対的基準ではない．逸脱度は主に複数のモデル間の比較に用いられる．例えば，データ解析者が 1 つの共変量をモデルに追加すべきかどうかを検討したいとしよう．このとき，H を既存のモデルとし，H_A を 1 つの変数が追加されるより複雑なモデルとする．それぞれのモデルの下での平均 $\boldsymbol{\mu}$ の当てはめ値を $\widehat{\boldsymbol{\mu}}_0$ と $\widehat{\boldsymbol{\mu}}_A$ とすると，逸脱度は

$$
D(\boldsymbol{y};\widehat{\boldsymbol{\mu}}_0) - D(\boldsymbol{y};\widehat{\boldsymbol{\mu}}_A) = 2\ell(\widehat{\boldsymbol{\mu}}_A;\boldsymbol{y}) - 2\ell(\widehat{\boldsymbol{\mu}}_0;\boldsymbol{y}) \tag{3.20}
$$

だけ減少し，この量はちょうど H_0 に対する H_A の (対数) 尤度比統計量となっている．統計量 (3.20) は条件 (1) が成立し，また n が大きい，あるいは条件 (2) が満たされるとき，近似的に $\widehat{\boldsymbol{\mu}}$ と独立で，自由度 1 の χ^2 分布に従うことが知られている．逸脱度 $D(\boldsymbol{y};\widehat{\boldsymbol{\mu}}_0)$ と $D(\boldsymbol{y};\widehat{\boldsymbol{\mu}}_A)$ そのものの χ^2 近似の精度がそれほど良くなくても，差 (3.20) に対する χ^2 近似は通常良い精度をもっていることが知られている．

3.5 スパースデータ

i 番目の共変量クラスにおける個体数を m_i としたとき，多くの共変量クラスにおける m_i の値が非常に小さいときがある．このようなデータをスパースデータという．極端なケースとして，全ての i に対して，$m_i = 1$ の場合も考えられる．一般的に，スパースデータは，多くのセルにおいて，m_i が 5 以下であることを指す場合が多い．スパースデータの場合，最尤推定量 $\widehat{\boldsymbol{\beta}}$ の誤差が必ずしも悪いとは限らないが，これまでに議論してきた残差逸脱度やピアソン統計量を適合度統計量として使うときに注意が必要であろう．以下スパースデータについて詳しく考察を与えよう．

ここで，全ての i について次の状況

$$Y_i \sim \mathrm{Bi}(1, \pi_i), \quad i = 1, \dots, n$$

を仮定する．また，次のロジスティックモデル

$$P(Y \mid \boldsymbol{x}) = \frac{\exp(\boldsymbol{\beta}'\boldsymbol{x})}{1 + \exp(\boldsymbol{\beta}'\boldsymbol{x})}$$

を仮定する．最尤推定法を用いたときの確率の当てはめ値は

$$\widehat{\pi}_i = \frac{\exp(\widehat{\boldsymbol{\alpha}} + \widehat{\boldsymbol{\beta}}'\boldsymbol{x}_i)}{1 + \exp(\widehat{\boldsymbol{\alpha}} + \widehat{\boldsymbol{\beta}}'\boldsymbol{x}_i)}$$

となる．このときの逸脱度は

$$\begin{aligned} D &= 2\sum_{i=1}^{n}\left\{y_i \log\frac{y_i}{\widehat{\pi}_i} + (1-y_i)\log\frac{1-y_i}{1-\widehat{\pi}_i}\right\} \\ &= 2\sum_{i=1}^{n}\left\{y_i \log y_i + (1-y_i)\log(1-y_i) - y_i \log\frac{\widehat{\pi}_i}{1-\widehat{\pi}_i} - \log(1-\widehat{\pi}_i)\right\} \end{aligned}$$

となる．$y=0,1$ のとき，次の関係式

$$y\log y=(1-y)\log(1-y)=0$$

に注意する．また，

$$\log\frac{\widehat{\pi}_i}{1-\widehat{\pi}_i}=\boldsymbol{x}_i'\widehat{\boldsymbol{\beta}}$$

にも注意すると，逸脱度 D は

$$\begin{aligned}D&=-2\widehat{\boldsymbol{\beta}}'\boldsymbol{X}'\boldsymbol{Y}-2\sum_{i=1}^{n}\log(1-\widehat{\pi}_i)\\&=-2\widehat{\boldsymbol{\eta}}'\widehat{\boldsymbol{\pi}}-2\sum_{i=1}^{n}\log(1-\widehat{\pi}_i)\end{aligned}$$

となる $(\boldsymbol{X}'\boldsymbol{Y}=\boldsymbol{X}'\widehat{\boldsymbol{\mu}})$．以上の計算から，$D$ はこの場合，$\widehat{\boldsymbol{\beta}}$ に依存する形となることがわかる．$\widehat{\boldsymbol{\beta}}$ を与えたとき，D は退化分布となり，モデルの評価には使うことができない．

ピアソン統計量への影響に関する考察はより複雑であるが，以下ではある簡単なケースについて見てみよう．全ての i について，

$$Y_i\sim\mathrm{Bi}(1,\pi)$$

が成り立つと仮定する．このとき，$\widehat{\pi}=\bar{y}$ となり，ピアソン統計量は

$$X^2=\sum_{i=1}^{n}\frac{(y_i-\bar{y})^2}{\bar{y}(1-\bar{y})}=n$$

となり，サンプルサイズになってしまう．このときの逸脱度は

$$D=-2n\left\{\bar{y}\log\bar{y}+(1-\bar{y})\log(1-\bar{y})\right\}$$

で，$\widehat{\pi}$ に依存する形となり，この場合も適合統計量としては妥当ではないことがわかる．

3.6 過　分　散

これまでに反応変数 Y の確率分布を2項分布 $Y\sim\mathrm{Bi}(m,\pi)$ と仮定して議論を進めてきた．この場合，$\mathrm{Var}(Y)=m\pi(1-\pi)$ である．しかし，現実の多く

の場合において，しばしば $\mathrm{Var}(Y) > m\pi(1-\pi)$ が認められる．この現象を過分散という．過分散が存在する場合，2 項分布の仮定は妥当ではない．過分散を引き起こす理由は多くあり，2 項分布に基づく解析を行う前にまず過分散の存在を疑うべきである．例えば，調査対象がいくつかの地域にわたっている大規模な疫学調査などにおいて，2 項分布に基づく分散はデータの全体の変動のごく一部に過ぎない．

過分散現象が典型的に現れるのがクラスタリングサンプリング (clustering sampling) の場合である．クラスタは分野によってさまざまである．家計調査の場合の世帯 (household)，動物実験の場合の同腹 (litter)，生態調査における集団 (colony) などが考えられる．クラスタのサイズは通常異なるが，以下の議論では簡単のために，クラスタのサイズを固定して k とする．また，m を全標本数とし，$n = m/k$ をクラスタの数とする．Z_i を i 番目のクラスタにおける '成功' の回数として，

$$Z_i \sim \mathrm{Bi}(k, \pi_i)$$

と仮定する．このとき，全体における '成功' 数は

$$Y = Z_1 + \cdots + Z_n\,, \quad n = \frac{m}{k}$$

となる．ここで，$\pi_i\,(i = 1, \ldots, n)$ を確率変数と見なし，1 次と 2 次のモーメントに関して

$$E(\pi_i) = \pi$$
$$\mathrm{Var}(\pi_i) = \tau^2\pi(1-\pi)$$

を仮定すると，Y の周辺分布の平均と分散は

$$\begin{cases} E(Y) = m\pi \\ \mathrm{Var}(Y) = m\pi(1-\pi)\{1+(k-1)\tau^2\} \\ \qquad\qquad = \sigma^2 m\pi(1-\pi) \end{cases} \tag{3.21}$$

となる．$\sigma^2 = 1 + (k-1)\tau^2$ は拡散母数 (dispersion parameter) と呼ばれ，クラスタの大きさと π_i のばらつきに左右される．また $0 \le \tau^2 \le 1$ なので，

$$1 \le \sigma^2 \le k \le m$$

となることがわかる．

過分散をモデリングするための方法の 1 つとして，ベータ 2 項分布 (beta-binomial distribution) がしばしば使われる．ベータ 2 項分布などのパラメトリックな手法の利点は言うまでもなく，回帰パラメータや拡散母数を最尤法を用いて推定できることである．パラメトリックモデルの仮定について疑問が生じる場合には，2 次までのモーメントの仮定 (3.21) のみに基づく推論が推奨される．平均と分散のみの仮定に基づく推論は，これまでの議論をほぼそのまま適用することができる．ただし，この場合，これまでに述べた χ^2_{n-p} 近似や χ^2_1 近似は，それぞれ $\sigma^2\chi^2_{n-p}$ と $\sigma^2\chi^2_1$ で置き換えられる．また，$\widehat{\boldsymbol{\beta}}$ の漸近分散は次のように

$$\mathrm{Cov}(\widehat{\boldsymbol{\beta}}) = \sigma^2\left(\boldsymbol{X}'\boldsymbol{W}\boldsymbol{X}\right)^{-1} \tag{3.22}$$

と修正される．

$\boldsymbol{\beta}$ の信頼領域，あるいは，$\boldsymbol{\beta}$ の成分に関する信頼区間を作るため，拡散母数 σ^2 を推定する必要がある．σ^2 を具体的に次のように推定することができる．ある共変量 $\boldsymbol{x}$ に対して，独立な観測値 $(y_1, m_1), \ldots, (y_r, m_r)$ が得られているとする．この共変量クラスのみに基づく π の推定量を

$$\widetilde{\pi} = \frac{y_.}{m_.} = \frac{\sum y_i}{\sum m_i}$$

とする．クラス内の重み付き 2 乗和

$$\sum_{j=1}^{r}\frac{(y_j - m_j\widetilde{\pi})^2}{m_j}$$

の期待値は

$$(r-1)\sigma^2\pi(1-\pi)$$

となる．したがって，

$$S^2 = \frac{1}{r-1}\sum_{j=1}^{r}\frac{(y_j - m_j\widetilde{\pi})^2}{m_j\widetilde{\pi}(1-\widetilde{\pi})} \tag{3.23}$$

は σ^2 の近似的な不偏推定量となる．重複がある共変量クラスに対して，これらの推定量をプールすればよい．もし共変量クラスに重複した観測値が得られない場合，あるいは，自由度 r が小さいとき，σ^2 は重み付き残差 2 乗和を用いて推定することができる．仮定したモデルが正しければ，

$$\tilde{\sigma}^2 = \frac{1}{n-p}\sum_i \frac{(y_i - m_i\hat{\pi})^2}{m_i\hat{\pi}_i(1-\hat{\pi}_i)} = \frac{X^2}{n-p} \tag{3.24}$$

が σ^2 の近似的不偏推定量となる．ただし，p は n に比べて比較的小さいと想定されている．このときの $\hat{\boldsymbol{\beta}}$ の分散共分散行列は

$$\tilde{\sigma}^2\left(\boldsymbol{X}'\widehat{\boldsymbol{W}}\boldsymbol{X}\right)^{-1}$$

で推定される．

基準化された逸脱度に基づいて σ^2 を推定することも考えられる．全ての2項分布のインデックス m_i が大きいとき，逸脱度に基づく σ^2 の推定量は $\tilde{\sigma}^2$ と同様な振る舞いをするが，データがスパースな場合，$\tilde{\sigma}^2$ は一致性をもっているが，$D(\boldsymbol{y};\hat{\boldsymbol{\mu}})/(n-p)$ は一致性をもっていないことに注意が必要である．例えば，

$$Y_i \sim \mathrm{Bi}(1,\pi), \quad i = 1,\ldots,n$$

と仮定する場合，

$$\tilde{\sigma}^2 = S^2 = \frac{n}{n-1}$$

となり，極限は1となる．一方，

$$\frac{D}{n-1} = -\frac{2n}{n-1}\left\{\hat{\pi}\log\hat{\pi} + (1-\hat{\pi})\log(1-\hat{\pi})\right\}$$

となり，$\hat{\pi} \in (0,\, 1/2)$ のとき，$D/(n-1)$ は $(0,\, 2\log 2)$ の範囲で変動する．

3.7　外　　　挿

応用上，観測された共変量 x の値を用いてモデルを当てはめた後，観測された x の範囲外の値を用いて，成功あるいは失敗する確率を予測することがしばしば求められる．このようなことを外挿 (extrapolation) と呼ぶが，特に観測された x の範囲外から大きくはみ出した値についての外挿は，慎重に行う必要があろう．例えば，観測された x の範囲内の値による確率の予測値は似通っていても，x の値がある範囲から大きくはみ出している場合，確率の予測値が大きく変動するケースがしばしば考えられるからである．

1つの例として信頼性実験がある．信頼性実験において，外挿の問題が重要

である．通常の条件の下では，'失敗' を観察することは非常に時間がかかるかコストがかかる場合がある．例えば，毒性試験において，ラットなどの実験動物に通常よりかなり過量な用量を与えないと，発ガンなどの '失敗' を観察することは難しい．このような場合，高い用量で得られたモデルを用いて低い用量に基づく発病リスクを予測する必要がある．あるいは，発病の許容率 π_0 が与えられたとき，それに対応する極限値 $\boldsymbol{x}_0$ を設定する必要があろう．

閾値 $\boldsymbol{x}_0$ の設定が重要な問題なので，少し詳しく見てみよう．この問題に対して，よく知られている Fieller の方法を紹介しよう．Fieller の方法は近似的に正規分布に従う確率変数

$$\widehat{\boldsymbol{\beta}}_0 + \widehat{\boldsymbol{\beta}}_1 \boldsymbol{x}_0 - g(\pi_0)$$

に基づいている．この統計量は漸近的に不偏であり，漸近分散は

$$V(\boldsymbol{x}_0) = \mathrm{Var}(\widehat{\boldsymbol{\beta}}_0) + 2\boldsymbol{x}_0 \mathrm{Cov}(\widehat{\boldsymbol{\beta}}_0, \widehat{\boldsymbol{\beta}}_1) + \boldsymbol{x}_0^2 \mathrm{Var}(\widehat{\boldsymbol{\beta}}_1)$$

となる．この結果を利用して，$\boldsymbol{x}_0$ の範囲は次の式

$$\left| \frac{\widehat{\boldsymbol{\beta}}_0 + \widehat{\boldsymbol{\beta}}_1 \boldsymbol{x}_0 - g(\pi_0)}{V(\boldsymbol{x}_0)} \right| < k^*_{\alpha/2} \tag{3.25}$$

から求めることができる．ただし，$k^*_{\alpha/2}$ は $\Phi(k^*_{\alpha/2}) = 1 - \alpha$ を満たす値である．閾値を決めるための条件である (3.25) 式は連結関数 $g(\cdot)$ に依存する形となっている．実際のデータ解析においては，いくつかの候補となる連結関数を用いて，(3.25) 式から得られる結果を吟味する必要があろう．

3.8　事例研究 1：異文化感受性データ

昨今，社会のグローバル化が進み，日本国内に居住する外国人が増えてきた．欧米に比べその割合はまだ低いものの，日本も多文化社会になってきたと言えるだろう．そのような中，今や両親の少なくとも一方が日本以外の文化をもっている子どもたちが 1 クラスに 1 人は存在すると言われている．都市部や地域によってはそれ以上の数になる．学校でもそのような子どもたちを考慮に入れる必要が出てきた．しかしながら，学校の現場では教員が常に多忙であり，優先すべき事項も多く，なかなか異文化を考慮に入れつつ学校運営や日常の授業

などを行っていくのが難しい状況にある.

2007 年に教員を志す日本人大学生 192 名を対象として行われた「異文化間能力」についての調査データ (Hosoya and Talib, 2010; Hosoya et al., 2014) の一部である culture_sensitivity.csv を用いて，一般化線形モデルを適用し種々の解析を行ってみよう．生データの公表は初めてであり，著者らの好意によるものである．2 枚のアンケート用紙に多くの未記入項目があったため，ここではこの 2 名の学生のデータを除いた．残りのデータには数少ない未記入項目もあったが，これらの項目は一様乱数で置き換えた．Hosoya et al. (2014) の研究の目的は，数年後に教員として学校に赴任する意思のある学生たちが，多文化社会にある学校で働くにあたり，どの程度の心理的準備ができているかを探ろうとしたものである．実際の質問事項は 92 ほどあるが，ここではその中の「異文化感受性」に関わる 12 項目を選んだ．このデータは日本，フィンランド，トルコの学生たちの比較調査に用いられた．日本の学生で多文化社会への心理的準備ができている者の割合はフィンランドやトルコより低く，フィンランド人の学生の 3 分の 2 が多文化社会にある学校で働く準備ができているのに対して日本人の学生はわずか 5% にも満たなかった．日本人の学生の半数近くは文化相対主義[*1)]ではあるものの，教育に関しては伝統的な価値観のままであった．また，3 分の 1 の学生は異文化に対して防御的で寛容度が低かった．しかし，フィンランドの学生の 3 割が自文化中心主義であるのに対し，日本人学生ではその割合はわずか 2% であった．この調査ではまた，どのような要因が高い異文化間能力を育てるかについても調べたが，「異文化をもつ家族や友人がいる」「ボランティア体験がある」「外国語能力」などが正の影響を与えていることがわかった．

さて，データ culture_sensitivity.csv を d として，その最初の数行を見てみよう．

```
> head(d)
  X1 X2 X3 X4 X5 X6 X7 X8 X9 X10 X11 X12 X13 X14 X15 X16
1  1  0  1  1  0  1  0  0  1   1   1   3   4   4   4   3
2  1  0  0  0  1  1  0  0  0   1   0   4   4   4   3   1
```

*1)　文化相対主義とは全ての文化に優劣はなく対等であるという考え方で，自文化中心主義の対極にある考え方である．

```
3 1 0 0 1 0 1 0 0 1  1  0  5  5  5  2  2
4 1 0 0 1 0 1 0 0 1  1  1  4  3  3  2  2
5 1 0 0 0 0 1 0 0 0  1  0  4  4  3  3  3
6 1 0 0 0 0 0 0 0 0  0  1  4  3  4  3  2
  X17 X18 X19 X20 X21 X22 X23
1   4   4   3   4   4   3   2
2   3   4   3   4   3   3   2
3   1   5   3   5   5   5   2
4   3   4   3   3   4   3   4
5   2   3   2   4   4   4   2
6   3   4   3   4   4   3   2
```

各変数の意味を表 3.2 にまとめた．背景情報を表す変数 X_1 から X_{11} は全て

表 3.2 異文化感受性に関する背景情報 (変数 X_1 から変数 X_{11} まで) と各種従属変数 (変数 X_{12} から変数 X_{23} まで) と対応する質問項目

変数名	質問番号	質問内容
X_1	1	性別 (男 = 1，女 = 0)
X_2	3	私は今までに欧米諸国で勉強をしたことがある．(Yes= 1，No= 0)
X_3	4	私は今までに欧米以外の外国で勉強したことがある．(Yes= 1，No= 0)
X_4	12	私は国際的，多文化的環境に住んだことがある．(Yes= 1，No= 0)
X_5	13	私は国際的，多文化的な友人がいる．(Yes= 1，No= 0)
X_6	14	私の家族の中には国際的，多文化的バックグラウンドの人がいる．(Yes= 1，No= 0)
X_7	15	私はボランティアをしたことがある．(Yes= 1，No= 0)
X_8	19	私は文化の異なる人と頻繁な接触がある．(Yes= 1，No= 0)
X_9	21	私は欧米諸国に旅行に行ったことがある．(Yes= 1，No= 0)
X_{10}	22	私は欧米以外の国に旅行に行ったことがある．(Yes= 1，No= 0)
X_{11}	23	私はたいていツアーではなく個人で旅行する．(Yes= 1，No= 0)
X_{12}	16	私は変化を受け入れられる．
X_{13}	30	私は異なる文化の人々との間の橋渡しをするのが好きである．
X_{14}	33	私はときどき自分の国で居心地が悪いと感じるときがある．
X_{15}	36	他の人が自分と違うやり方をしたとき，私はそのやり方から何かを学ぶことができる．
X_{16}	50	私は不確かな状況に耐えられない[*2)]．
X_{17}	52	全ての人は異なっている．
X_{18}	53	私たちの理解は私たちの文化によって限定されている．
X_{19}	58	私は異文化に興味をもっており，知りたいと思っている．
X_{20}	76	自分が 2 つ以上の文化をもっているのは得だと思う．
X_{21}	81	異文化をもつ人に会うと自分の行動が変わることに気づく．
X_{22}	86	自分の文化の長所短所に気づいている．
X_{23}	89	私たちは自分たちの違いについて協議すべきである．

[*2)] この項目のみがネガティブな質問である．

0 か 1 をとる 2 値変数である．一方，変数 X_{12} から X_{23} はさまざまな側面における若者の異文化に対する感受性を測っている．例えば，X_{13}, X_{14}, X_{15} は共に異文化に対する受容性の度合いを測るもので，X_{13} は表層的な受容性に関する指標であるのに対して，X_{14} と X_{15} はより深層的な受容性を測ろうとしている．感受性に関する全ての質問は 1 から 5 までの 5 段階評価である．50 番目の質問に対応する従属変数のみが異文化感受性の反対方向の指標であるので，データフレーム d における X_{16} の値は 6 から実際の値を引いたものとなっている．

まず，12 個の従属変数の平均を「平均感受性」として定義する．次に平均感受性を反応変数とし，全ての背景情報を説明変数として，交互作用を考慮に入れない線形モデルを当てはめてみよう．

```
1  # 線形モデルの当てはめ
2  m <- apply(d[,12:23],1,mean) # 全ての応答変数の平均
3  d.lm <- cbind(d[,1:11],m)
4  m.lm <- lm(m ~ ., data = d.lm)
```

次に当てはめた結果を summary() 関数で確認すると，以下に示すとおり X_6 が高度に有意であることがわかる．国際的，多文化的バックグラウンドの人が家族の中にいることが有意に異文化に対する感受性を押し上げるという結果である．X_6 の回帰係数を見ると，2 群の平均感受性の差は約 0.178 である．一方，その他の全ての変数の回帰係数が無視できる程度しかない．感受性に関する質問は 1 から 5 までの 5 段階評価であり，一様分布であれば平均はちょうど 3 となる．この値がだいたい切片の推定量 3.27 と一致していることに注意する．

```
> summary(m.lm)

Call:
lm(formula = m ~ ., data = d.lm)

Residuals:
     Min       1Q   Median       3Q      Max
-1.03798 -0.24671  0.04529  0.21202  0.96967

Coefficients:
```

```
             Estimate Std. Error t value Pr(>|t|)
(Intercept)  3.266662   0.069269  47.159  < 2e-16 ***
X1          -0.014000   0.055791  -0.251  0.80215
X2           0.072489   0.089349   0.811  0.41827
X3           0.097006   0.060571   1.602  0.11103
X4           0.057174   0.057557   0.993  0.32190
X5          -0.093416   0.099095  -0.943  0.34712
X6           0.177573   0.061607   2.882  0.00443 **
X7           0.062779   0.107256   0.585  0.55907
X8          -0.039870   0.140017  -0.285  0.77616
X9          -0.008276   0.055907  -0.148  0.88248
X10         -0.048012   0.053842  -0.892  0.37375
X11          0.006057   0.058146   0.104  0.91715
---
Signif. codes:  0 ‘***’ 0.001 ‘**’ 0.01 ‘*’ 0.05 ‘.’ 0.1 ‘ ’ 1

Residual standard error: 0.3432 on 178 degrees of freedom
Multiple R-squared:  0.1009,Adjusted R-squared:  0.04531
F-statistic: 1.815 on 11 and 178 DF,  p-value: 0.05431
```

次のように全ての変数を含むモデルから出発し，step() 関数を用いて「平均感受性」を説明するための最適モデルを探索することができる．step() は情報量規準 AIC に基づいてモデル選択が行われるので，最終段階の X_3 と X_6 を含む AIC 最小のモデルが最善のモデルと判断される．すなわち，欧米以外の外国で勉強した経験をもつこと (X_3) と，家族の中に多文化的背景の人がいること (X_6) とを合わせたモデルが，最もよく「平均感受性」を説明している．

```
> step(m.lm)
Start:  AIC=-394.73
m ~ X1 + X2 + X3 + X4 + X5 + X6 + X7 + X8 + X9 + X10 + X11

       Df Sum of Sq    RSS     AIC
- X11   1   0.00128 20.973 -396.72
- X9    1   0.00258 20.974 -396.71
- X1    1   0.00742 20.979 -396.66
- X8    1   0.00955 20.981 -396.65
- X7    1   0.04036 21.012 -396.37
- X2    1   0.07755 21.049 -396.03
- X10   1   0.09369 21.065 -395.89
```

```
- X5     1    0.10470 21.076 -395.79
- X4     1    0.11625 21.088 -395.68
<none>                20.972 -394.73
- X3     1    0.30219 21.274 -394.01
- X6     1    0.97882 21.951 -388.06

（中略）
Step:  AIC=-408.62
m ~ X3 + X6

       Df Sum of Sq    RSS     AIC
<none>                21.430 -408.62
- X3    1   0.65302 22.084 -404.92
- X6    1   1.27978 22.710 -399.60

Call:
lm(formula = m ~ X3 + X6, data = d.lm)

Coefficients:
(Intercept)           X3           X6
     3.2472       0.1280       0.1946
```

同様にして，表層的受容性 X_{13}，深層的受容性 X_{14}, X_{15} を従属変数として線形モデルを適用し，これらの変数を最もよく説明する線形モデルを見つけることができる．解析の詳細は省略するが，表層的受容性 X_{13} (異文化間の橋渡しをする) に対して，X_6 (家族に多文化的背景をもつ人がいる) のみを含むモデルが最適である．一方，深層的受容性 X_{14} (自分の国でも居心地が悪いときがある) を最もよく説明するモデルは，X_2 (欧米諸国で勉強をしたことがある) と，X_5 (国際的・多文化的友人がいる) のみを含むモデルである．深層的受容性 X_{15} (他人から違うことを学ぶ) を最もよく説明するモデルは，X_7 (ボランティアの経験がある) のみを含むモデルである．

190 人の平均感受性についての平均を計算すると約 3.43 となる．この平均を超える割合は約 5 割であることも次のようにして確認できる．

```
> (sen <- mean(m)) # 平均感受性の平均
[1] 3.435088
> mean(m>sen) # 平均感受性が平均を超える割合
```

```
[1] 0.5052632
```

ここで平均感受性の平均値 sen を超えた人を $y=1$，超えなかった人を $y=0$ として，この 2 値反応変数がどのように背景情報によって説明されるかをロジスティック回帰モデルを当てはめて検討してみよう．

```
1 # ロジスティック回帰
2 d.logit <- cbind(d[,1:11], y=(m>sen))
3 fit.logit <- glm(y ~ ., family = "binomial", data = d.logit)
```

このロジスティック回帰モデルを当てはめた結果の概要は summary() で確認できる．平均感受性を従属変数としたときの線形モデルの場合と同様に，X_6 のみが (高度に) 有意な変数となっている．

```
> summary(fit.logit)

Call:
glm(formula = y ~ ., family = "binomial", data = d.logit)

Deviance Residuals:
    Min       1Q   Median       3Q      Max
-1.7530  -1.1798   0.5287   1.0893   1.7695

Coefficients:
            Estimate Std. Error z value Pr(>|z|)
(Intercept) -1.21416    0.45911  -2.645 0.008179 **
X1           0.19518    0.34580   0.564 0.572458
X2           0.45935    0.57273   0.802 0.422536
X3           0.47126    0.37846   1.245 0.213062
X4           0.09158    0.35224   0.260 0.794873
X5          -1.00504    0.64285  -1.563 0.117954
X6           1.39988    0.40830   3.429 0.000607 ***
X7           0.91338    0.74497   1.226 0.220173
X8          -0.48091    0.94999  -0.506 0.612701
X9          -0.17009    0.34392  -0.495 0.620906
X10         -0.14205    0.33614  -0.423 0.672597
X11         -0.21030    0.36005  -0.584 0.559165
---
Signif. codes:  0 '***' 0.001 '**' 0.01 '*' 0.05 '.' 0.1 ' ' 1
```

```
(Dispersion parameter for binomial family taken to be 1)

    Null deviance: 263.37  on 189  degrees of freedom
Residual deviance: 239.17  on 178  degrees of freedom
AIC: 263.17

Number of Fisher Scoring iterations: 4
```

最適モデルの探索に関しても線形モデルと同様に step() 関数を用いることができるが，ここで次のようにパッケージ bestglm の関数 bestglm を利用することもできる．ロジスティックモデルの場合も線形モデルの場合と同様に最適モデルは X_3 と X_6 のみを含むモデルである．step() 関数を適用しても同じ結果となる．

```
> library(bestglm)
> bestglm(d.logit, family=binomial(link="logit"), IC="AIC")
Morgan-Tatar search since family is non-gaussian.
AIC
BICq equivalent for q in (0.726805760965062, 0.839762901772263)
Best Model:
              Estimate Std. Error   z value     Pr(>|z|)
(Intercept) -1.3112175  0.3740285 -3.505662 0.0004554739
X3           0.6067466  0.3382190  1.793946 0.0728218065
X6           1.4720098  0.3916475  3.758507 0.0001709304
```

平均感受性スコアが平均を超えた学生を $y = 1$ とした場合，ロジスティックモデルと線形回帰モデルの結果に大きな差はなかった．平均感受性スコアのカットオフ値を 3.5 まで上げると，この値を超える学生が 4 割弱まで減ってしまう．

```
> mean(m>3.5) # 平均感受性が 3.5 を超える割合
[1] 0.3842105
```

ここでカットオフ値 3.5 を用いて再度ロジスティックモデルを適用してみ

よう.

```
1 # ロジスティック回帰カットオフ値 (3.5 の場合)
2 d1.logit <- cbind(d[,1:11], y=(m>3.5))
3 fit1.logit <- glm(y ~ ., family = "binomial", data = d1.logit)
```

いまの場合, 変数 X_6 に加えて X_3 と X_5 も有意である.

```
> summary(fit1.logit)

 (中略)

Coefficients:
            Estimate Std. Error z value Pr(>|z|)
(Intercept) -1.34747    0.48592  -2.773  0.00555 **
X1          -0.06812    0.35642  -0.191  0.84842
X2          -0.01381    0.58706  -0.024  0.98124
X3           0.86522    0.37970   2.279  0.02268 *
X4           0.14768    0.36476   0.405  0.68557
X5          -1.82547    0.85253  -2.141  0.03225 *
X6           1.10516    0.43953   2.514  0.01192 *
X7           1.15437    0.71106   1.623  0.10449
X8           0.32996    0.99999   0.330  0.74143
X9          -0.14996    0.36117  -0.415  0.67798
X10         -0.32575    0.35285  -0.923  0.35591
X11         -0.37289    0.37683  -0.990  0.32240
---
 (以下省略)
```

step() によって求められる最適モデルは, X_3, X_5, X_6, X_7 を含むモデルとなる. 以下このモデルを適用した結果を示す. 最適モデルにおいて, X_6 が高度に有意であるのに対して, X_7 は有意ではない. 平均感受性スコアが 3.5 を超えた場合を‘上位者’と認めた場合, 異文化感受性の差が有意に認められるのは, X_3 (欧米以外の外国で勉強したことがある), X_5 (国際的・多文化的友人がいる), X_6 (家族に多文化的背景をもつ人がいる) の 3 つである.

```
> best.logit <- glm(y ~X3+X5+X6+X7, family = "binomial", data = d1.logit)
> summary(best.logit)
```

```
Call:
glm(formula = y ~ X3 + X5 + X6 + X7, family = "binomial", data = d1.logit)

Deviance Residuals:
    Min       1Q   Median       3Q      Max
-1.4411  -0.9827  -0.6002   1.3018   2.1898

Coefficients:
            Estimate Std. Error z value Pr(>|z|)
(Intercept)  -1.6226     0.4091  -3.967 7.29e-05 ***
X3            0.8496     0.3559   2.387  0.01697 *
X5           -1.8253     0.8471  -2.155  0.03117 *
X6            1.1455     0.4253   2.694  0.00707 **
X7            1.0786     0.6863   1.571  0.11607
---
Signif. codes:
0 '***' 0.001 '**' 0.01 '*' 0.05 '.' 0.1 ' ' 1

(Dispersion parameter for binomial family taken to be 1)

    Null deviance: 253.11  on 189  degrees of freedom
Residual deviance: 228.99  on 185  degrees of freedom
AIC: 238.99

Number of Fisher Scoring iterations: 4
```

3.9　事例研究 2：客船タイタニックの遭難データ

3.9.1　客船タイタニックの遭難データ

タイタニックは，1912 年にサウサンプトンとニューヨークを結ぶ定期便として作られた当時最大級の豪華客船である．1912 年 4 月 10 日に乗客乗員 2208 人を乗せて，タイタニックはサウサンプトンを離れ，ニューヨークに向けて処女航海を始めた．しかし，4 日後の 4 月 14 日深夜，タイタニックは北大西洋上で氷山に接触し，翌日 4 月 15 日未明にかけて沈没した．1496 人が犠牲となり，生存者はわずか 712 人であった．当時世界最悪の海難事故であった．エンサイクロペディア・タイタニカ[*3] にこの事故に関する詳細な資料が収録されている．

これまでに多くの研究者がタイタニックに関するデータの収集や分析を行ってきた．Eaton and Haas (1995) がタイタニックに関する詳細なデータを最初に公表し，その後多くの人の努力によってこのデータの更新や訂正の作業が続けられた[*4]．ヴァンダービルト大学のウェブサイトで配布されている titanic3.csv には名前や年齢，性別など，1309名の乗客の14項目にわたる情報が含まれている．ただし乗組員のデータは含まれていない．また年齢の一部は推定値である．ここでデータ titanic3.csv の変数の数を14個から7個に減らしたデータ titanic3_min.data を用いてロジスティック回帰分析などを行ってみよう．このデータの最初の数行を以下に示す．

```
> head(titanic3_min.data)
     sex   age parch sibsp pclass     fare survived
1 female 29.00     0     0      1 211.3375        1
2   male  0.92     2     1      1 151.5500        1
3 female  2.00     2     1      1 151.5500        0
4   male 30.00     2     1      1 151.5500        0
5 female 25.00     2     1      1 151.5500        0
6   male 48.00     0     0      1  26.5500        1
```

表 3.3 タイタニック・データの各変数の意味

変数の名前	変数の意味	備考
sex	乗客の性別	
age	乗客の年齢 (年)	1歳未満児は小数表示；推定値は $x.5$ で表示
parch	同乗する親あるいは子供の総人数	義息子，義娘を含む
sibsp	同乗する配偶者あるいは兄弟の総人数	(1) 配偶者は夫か妻．婚約者は除く (2) 兄弟は義兄弟姉妹を含む
pclass	客室の等級 (1=1等級，2=2等級，3=3等級)	等級は社会経済的地位の代替指標と考える
fare	乗客が支払った料金	1970年時のイギリス・ポンド
survived	生存状況 (0=死亡，1=生存)	

[*3] http://www.encyclopedia-titanica.org

[*4] 1999年8月2日までのタイタニックに関するデータは http://biostat.mc.vanderbilt.edu/wiki/pub/Main/DataSets/titanic3.csv から取得できる．

データ titanic3_min.data における各変数の意味を表 3.3 にまとめた.

3.9.2 データの要約

次のように summary() 関数を用いて,

```
1 summary(survived ~ age + sex + pclass + fare, data = titanic3_min.data)
```

年齢, 性別, 客室の等級における乗客の生存率を調べることができる. summary() 関数の出力図 3.2 からいくつかの明白な事実が浮かび上がる. まず女性客の生存率は 7 割を超えていたにも関わらず, 全体の生存率が約 4 割に届かなかったのは, 女性客の救助を優先にして, 女性客の約 2 倍を占める男性客の生存率が 2 割にも届かなかったためである. 次に乗客の生存率は等級が下がるにつれて, 62% (1 級), 43% (2 級), 26% (3 級) と著しく下がっていく. 等級と正の相関

```
survived    N=1309

+-------+-------------+----+---------+
|       |             |N   |survived |
+-------+-------------+----+---------+
|age    |[ 0.17,22.0) | 290|0.4310345|
|       |[22.00,28.5) | 246|0.3861789|
|       |[28.50,40.0) | 265|0.4188679|
|       |[40.00,80.0] | 245|0.3918367|
|       |Missing      | 263|0.2775665|
+-------+-------------+----+---------+
|sex    |female       | 466|0.7274678|
|       |male         | 843|0.1909846|
+-------+-------------+----+---------+
|pclass |1            | 323|0.6191950|
|       |2            | 277|0.4296029|
|       |3            | 709|0.2552891|
+-------+-------------+----+---------+
|fare   |[ 0.00,   7.92)| 337|0.2284866|
|       |[ 7.92, 14.46)| 320|0.2843750|
|       |[14.46, 31.39)| 328|0.4359756|
|       |[31.39,512.33]| 323|0.5851393|
|       |Missing      |   1|0.0000000|
+-------+-------------+----+---------+
|Overall|             |1309|0.3819710|
+-------+-------------+----+---------+
```

図 3.2 タイタニック号乗客の生存率の要約

をもつ乗客を運賃別で見たときに，運賃が高ければ高いほど生存率が高くなることも鮮明である．

図 3.3–図 3.6 は，パッケージ Hmisc にある plsmo という関数を用いて，次のようにして，生存率と年齢・運賃との関係を推定したものである．

```
library(Hmisc)
attach(titanic3_min.data)
# 年齢と生存率：男女別
plsmo(age, survived, group=sex, datadensity=T)
# 年齢と生存率：等級別
plsmo(age, survived, group=pclass, datadensity=T)
# 運賃額と生存率：男女別
plsmo(fare, survived, group=sex, datadensity=T)
# 運賃額と生存率：等級別
plsmo(fare, survived, group=pclass, datadensity=T)
```

plsmo() 関数による推定曲線は LOWESS (局所重み付き回帰平滑化) 法に基

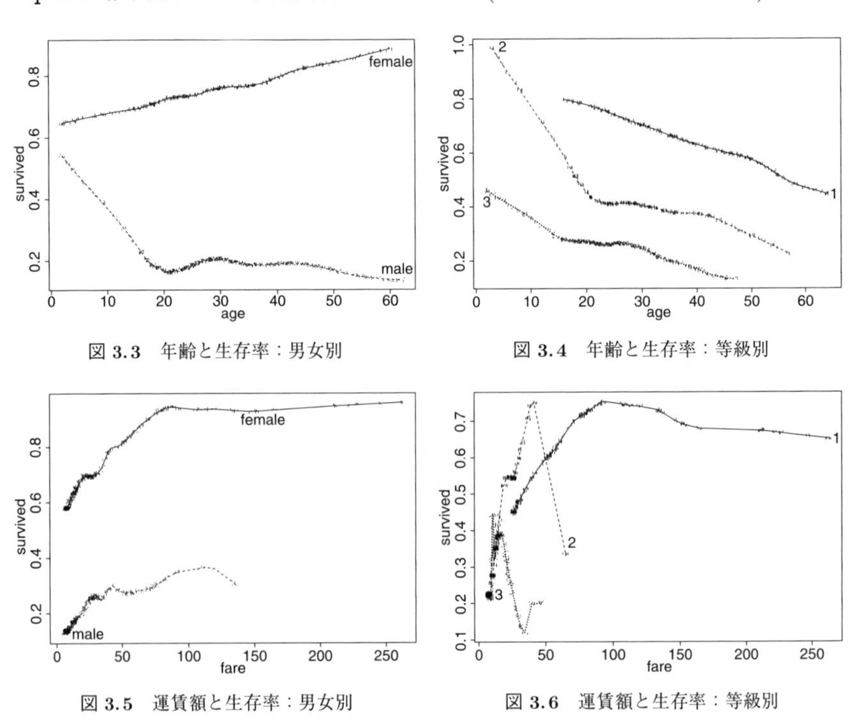

図 3.3　年齢と生存率：男女別

図 3.4　年齢と生存率：等級別

図 3.5　運賃額と生存率：男女別

図 3.6　運賃額と生存率：等級別

づいている (他の方法の選択も可能). これらの曲線上に生のデータもマークされている. これらの図から summary() 関数による出力だけではわからない生存率と年齢や運賃とのより詳細な関係が見えてくる. 図 3.5 を見ると, 高い運賃を支払った乗客の生存率が高く, それらはほとんど女性客であったことがわかる. また, 図 3.6 によれば, 1 等級の中の乗客の生存率は運賃額に左右されず, 最も高い運賃を支払った 1 等級の中の一部の乗客の生存率はむしろそうでない客に比べて若干下がっているようにも見える.

3.9.3　ロジスティック回帰分析

ここで欠損値を取り除いたデータを対象に, 乗客の生存がどの程度他の変量に依存しているかをロジスティック回帰分析で確かめる.

```
1 # titanic.data: 欠損値を取り除いたデータ
2 # logistic regression
3 fit.logit = glm(survived ~ sex + pclass + age + pclass:sex + sibsp, family
      = binomial(logit), data = titanic.data)
```

```
> summary(fit.logit)

Call:
glm(formula = survived ~ sex + pclass + age + pclass:sex + sibsp,
    family = binomial(logit), data = titanic.data)

Deviance Residuals:
    Min       1Q   Median       3Q      Max
-3.1978  -0.6765  -0.4871   0.4864   2.3702

Coefficients:
                Estimate Std. Error z value Pr(>|z|)
(Intercept)     7.715466   0.743199  10.381  < 2e-16 ***
sexmale        -6.015903   0.687620  -8.749  < 2e-16 ***
pclass         -2.209309   0.243548  -9.071  < 2e-16 ***
age            -0.042137   0.007001  -6.019 1.76e-09 ***
sibsp          -0.314840   0.099773  -3.156   0.0016 **
sexmale:pclass  1.449398   0.261558   5.541 3.00e-08 ***
---
Signif. codes:  0 '***' 0.001 '**' 0.01 '*' 0.05 '.' 0.1 ' ' 1
```

```
(Dispersion parameter for binomial family taken to be 1)

    Null deviance: 1413.57  on 1044  degrees of freedom
Residual deviance:  933.23  on 1039  degrees of freedom
AIC: 945.23

Number of Fisher Scoring iterations: 5
```

ロジスティック回帰分析の結果の良さをさまざまな視点から評価することができる．2つのグループに分けることができたかどうかの観点から，ROC曲線下の面積，すなわちAUC (area under the curve) を用いて評価することができる．AUCの値は1に近いほど良いとされている．表3.4の基準は1つの目安となろう．

表 3.4 AUCによるモデルの良さの判断基準

AUCの値	モデルの良さ
0.5 程度	ランダムな言い当て程度で意味なし
0.6 から 0.7 まで	受け入れがたい
0.7 から 0.8 まで	受け入れてよい
0.8 から 0.9 まで	非常に良い
0.9 以上	きわめて良い

次のようにして，ロジスティック回帰分析により得られるROC曲線 (図3.7) と対応するAUCを求めることができる．

```
1 # AUC によるロジスティック回帰分析の性能の評価
2 # 三重大学の奥村晴彦氏による ROC 関数を使う
3 # ROC 関数は次のサイトから入手可能
4 # https://oku.edu.mie-u.ac.jp/~okumura/stat/ROC.html
5 Z <- predict(fit.logit, type="response")
6 ROC(Z,as.numeric(titanic.data$survived))
```

```
AUC = 0.8490257 th = 0.4349924
BER = 0.2105625 OR = 16.91219
         Actual
Predicted   0   1
```

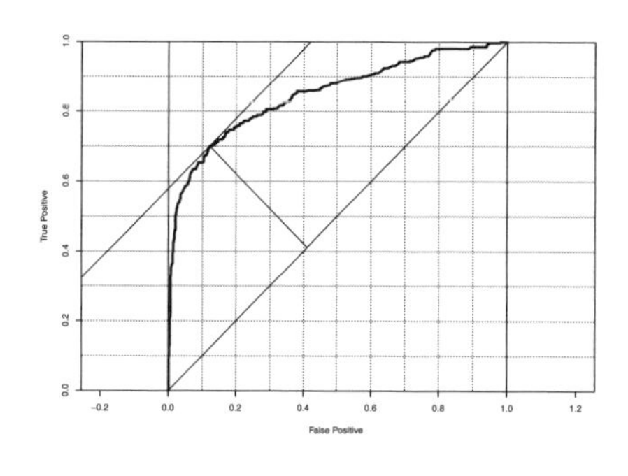

図 **3.7**　タイタニック・データのロジスティック回帰の ROC 曲線

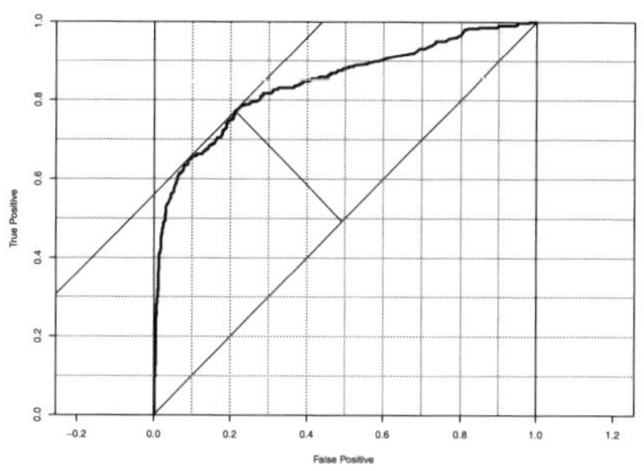

図 **3.8**　タイタニック・データの線形判別の ROC 曲線

```
  FALSE 543 128
  TRUE   75 299
```

ロジスティック回帰分析は判別分析に比べ必要な条件が少ない点が利点として挙げられる．全データに対して，次のようにしてフィッシャーの線形判別法を適用し，ROC 曲線 (図 3.8) と対応する AUC を求めることができる．

```
1 # AUC による線形判別の性能の評価
2 # 奥村氏による ROC 関数を使用
3 library(MASS)
4 sv.full <- factor(titanic.data$survived)
5 x.full <- cbind(titanic.data$pclass, titanic.data$sex, titanic.data$age,
      titanic.data$sibsp)
6 fit.lda <- lda(x.full, sv.full)
7 Z <- predict(fit.lda, x.full) # 事後確率
8 ROC(Z$posterior[,2],as.numeric(titanic.data$survived))
```

```
AUC = 0.8442358 th = 0.3415129
BER = 0.2195702 OR = 12.64736
         Actual
Predicted   0   1
    FALSE 487  97
    TRUE  131 330
```

次にロジスティック回帰分析とフィッシャーの線形判別法を比較するために，

データをトレーニングデータとテストデータにランダムに分ける，トレーニングデータにおいてそれぞれの方法を適用し，テストデータに対して性能を評価する．このような作業を 1000 回繰り返し，AUC の平均値を用いて評価する．繰り返して AUC の計算を行うため，奥村氏の ROC 関数の中の図の部分を削除し，最後の出力の部分も制御し，次のようにまず修正を行う．

```
1  roc = function(score, actual, add=FALSE,
2      col="black", col.area="", type="l", pch=16) {
3    o = order(score, decreasing=TRUE)
4    fp = tp = fp_prev = tp_prev = 0
5    nF = sum(actual == FALSE)
6    nT = sum(actual == TRUE)
7    score_prev = -Inf
8    ber_min = Inf
9    area = 0
10   rx = ry = numeric(length(o))
11   n = 0
12   for (i in seq_along(o)) {
13     j = o[i]
14     if (score[j] != score_prev) {
15       area = area + (fp - fp_prev) * (tp + tp_prev) / 2
16       n = n + 1
17       rx[n] = fp/nF
18       ry[n] = tp/nT
19       ber = (fp/nF + 1 - tp/nT)/2
20       if (ber < ber_min) {
21         ber_min = ber
22         th = score_prev
23         rx_best = fp/nF
24         ry_best = tp/nT
25       }
26       score_prev = score[j]
27       fp_prev = fp
28       tp_prev = tp
29     }
30     if (actual[j] == TRUE) {
31       tp = tp + 1
32     } else {
33       fp = fp + 1
34     }
35   }
```

```
36   area = area + (fp - fp_prev) * (tp + tp_prev) / 2
37   invisible(list(AUC=area/(nF*nT), th=th))
38 }
```

```
 1 set.seed(314)
 2 T <- 1000
 3 AUC.logit <- rep(0,T)
 4 AUC.lda <- rep(0,T)
 5 for(i in 1:T){
 6 d <- sample(1:1045,523,replace=F)
 7 # 523 個のトレーニングデータを作る
 8 train <- titanic.data[d,]
 9 # 525 個のテストデータを作る
10 test <- titanic.data[-d,]
11 # ロジスティック回帰分析
12 ##########################
13 fit.train = glm(survived ~ sex + pclass + age + pclass:sex + sibsp,
14 family = binomial(logit), data = train)
15 Z.logit <- predict(fit.train, test, type="response")
16 roc.logit <- roc(Z.logit,as.numeric(test$survived))
17 AUC.logit[i] <- roc.logit$AUC
18
19
20 # 線形判別分析
21 ##############
22 # 生存変数をカテゴリー化
23 sv <- factor(train$survived)
24 # トレーニングデータ
25 subx.train <- cbind(train$pclass, train$sex, train$age, train$sibsp)
26 subx.test <- cbind(test$pclass, test$sex, test$age, test$sibsp)
27 train.lda <- lda(subx.train, sv)
28 Z.lda <- predict(train.lda, subx.test) # テストデータ上の事後確率
29 roc.lda <- roc(Z.lda$posterior[,2],as.numeric(test$survived))
30 AUC.lda[i] <- roc.lda$AUC
31 }
```

上の計算による結果は以下に示す.

```
> mean(AUC.logit)
[1] 0.8440233
> sqrt(var(AUC.logit))
```

```
[1] 0.0134217
> mean(AUC.lda)
[1] 0.841708
> sqrt(var(AUC.lda))
[1] 0.01340017
```

タイタニック・データの場合，ロジスティック回帰分析による判別の方がわずかに平均的 AUC が高いものの，大きな差はなかった．また，2 種類の方法による AUC の標準偏差はほぼ同じである．

次に最も適切なモデルの選択について考えよう．まず，全データに基づく逸脱度分析表を見てみよう．

```
> anova(fit.logit) # Analysis of Deviance Table
Analysis of Deviance Table

Model: binomial, link: logit

Response: survived

Terms added sequentially (first to last)


           Df Deviance Resid. Df Resid. Dev
NULL                        1044    1413.57
sex         1  312.022      1043    1101.55
pclass      1   87.935      1042    1013.61
age         1   30.658      1041     982.96
sibsp       1   11.214      1040     971.74
sex:pclass  1   38.507      1039     933.23
```

モデルを選択するためさまざまな R の関数を用いることができる．R の本体には step() 関数という，前進・後退法によるモデルを比較するための関数が用意されている．変数の数がそれほど多くないときにこの関数の使用が推奨されている．変数の数が多いと，パッケージ bestglm にある bestglm() 関数などを使うことができる．線形モデルの場合には bestglm() 関数は「うなぎ登りアルゴリズム」(leaps and bounds algorithm; Furniva and Wilson, 1974)

を用いている．

step() 関数による結果は次の通りである．

```
> logit.full <- glm(survived ~ ., data= titanic.data,
+                      family=binomial(link="logit"))
> logit.step = step(logit.full)
Start:  AIC=984.37
survived ~ sex + age + parch + sibsp + pclass + fare

         Df Deviance     AIC
- parch   1   970.66  982.66
- fare    1   971.15  983.15
<none>        970.37  984.37
- sibsp   1   982.59  994.59
- age     1  1007.27 1019.27
- pclass  1  1043.38 1055.38
- sex     1  1234.00 1246.00

Step:  AIC=982.66
survived ~ sex + age + sibsp + pclass + fare

         Df Deviance     AIC
- fare    1   971.74  981.74
<none>        970.66  982.66
- sibsp   1   982.81  992.81
- age     1  1007.82 1017.82
- pclass  1  1044.08 1054.08
- sex     1  1245.44 1255.44

Step:  AIC=981.74
survived ~ sex + age + sibsp + pclass

         Df Deviance     AIC
<none>        971.74  981.74
- sibsp   1   982.96  990.96
- age     1  1009.29 1017.29
- pclass  1  1093.23 1101.23
- sex     1  1253.24 1261.24
```

次に，パッケージ bestglm にある bestglm() 関数を用いて，最適なモデルを探そう．その結果は以下の通りである．

```
> library(bestglm)
> bestglm(titanic.data, family=binomial(link="logit"), IC="AIC")
Morgan-Tatar search since family is non-gaussian.
AIC
BICq equivalent for q in (0.106090636988381, 0.949451601101762)
Best Model:
               Estimate  Std. Error    z value     Pr(>|z|)
(Intercept)  4.99239933 0.431365839  11.573469 5.616468e-31
sexmale     -2.57669712 0.170776462 -15.088128 1.938650e-51
age         -0.03868743 0.006541698  -5.913974 3.339504e-09
sibsp       -0.32024868 0.099785085  -3.209384 1.330196e-03
pclass      -1.15606164 0.112758207 -10.252572 1.152356e-24
```

この結果から，計6つの変数のうち，生存率に有意に影響を与える変数として，性別 (sex)，年齢 (age)，兄弟数 (sibsp)，等級 (pclass) が選ばれていることがわかる．

Chapter 4
対数線形モデル

非負の整数値をとるデータを計数データと呼ぶ．交通事故の発生件数や，台風の上陸件数，顧客のクレーム，文章の中のタイプミスの数，旅客機の事故数などがその例である．計数データにポアソン分布の当てはめが良い場合にはポアソン対数線形モデルが推奨される．一方，実際のデータは過分散をもつことも多い．このような場合には負の 2 項分布モデルなどが考えられる．この章では一般化線形モデルの枠組みでポアソン対数線形モデルを中心に解説を行う．また事例研究として，カブトガニに関するデータやアメリカの国民医療費支出実態調査データなどを用いて，対数線形モデルの適用を詳しく解説する．

4.1 ポアソン分布

計数データに対しての最も単純な確率モデルはポアソン分布であろう．離散型確率変数 Y の確率関数が次のように与えられている．

$$P(Y=y)=e^{-\mu}\frac{\mu^y}{y!},\quad y=0,1,2,\ldots \tag{4.1}$$

ポアソン分布 (4.1) のキュミュラント母関数 $K(t)=\log\{E(e^{tY})\}$ は

$$K(t)=\mu(e^t-1) \tag{4.2}$$

と計算できる．(4.2) 式から，ポアソン分布の全てのキュミュラントが平均 μ と等しいことがわかる．

ポアソン分布に関して，次の正規近似がよく知られている．

$$\frac{Y-\mu}{\sqrt{\mu}}\sim N(0,1)+O_p\left(\frac{1}{\sqrt{\mu}}\right) \tag{4.3}$$

Y の平方根の平均と分散がそれぞれ

$$E(\sqrt{Y}) = \sqrt{\mu} + O\left(\frac{1}{n}\right), \quad \mathrm{Var}(\sqrt{Y}) = \frac{1}{4} + O\left(\frac{1}{n}\right)$$

となることをテイラーの展開などにより確認することができる．Y の平方根の分散の第 1 項は μ によらない定数である．このような性質をもつ変換は分散安定化変換と呼ばれる．

平均 μ_i をもつ n 個の独立なポアソン確率変数

$$Y_i \sim \mathrm{Po}(\mu_i), \quad i = 1, \ldots, n$$

について考える．このときの対数尤度は，定数項を無視すると，

$$\ell(\boldsymbol{\mu}, \boldsymbol{y}) = \sum_{i=1}^{n} (y_i \log \mu_i - \mu_i)$$

となり，逸脱度は

$$\begin{aligned} D(\boldsymbol{y}, \boldsymbol{\mu}) &= 2\ell(\boldsymbol{y}, \boldsymbol{y}) - 2\ell(\boldsymbol{\mu}, \boldsymbol{y}) \\ &= 2\sum_{i=1}^{n} \left\{ y_i \log \frac{y_i}{\mu_i} - (y_i - \mu_i) \right\} \\ &\approx 9\sum_{i=1}^{n} y_i^{1/3} \left(y_i^{1/3} - \mu_i^{1/3} \right)^2 \end{aligned}$$

と計算できる．回帰モデル H の下での μ_i の当てはめ値を $\widehat{\mu}_i$ とし，また定数項が含まれていなければ，

$$\sum_i (y_i - \widehat{\mu}_i) = 0$$

となり，逸脱度は

$$D(\boldsymbol{y}, \widehat{\boldsymbol{\mu}}) = 2\sum_{i=1}^{n} y_i \log \frac{y_i}{\widehat{\mu}_i}$$

となる．

μ_i が全ての i に対して大きい場合には，$(y_i - \mu_i)/\mu_i$ に対してテイラー展開をすれば，逸脱度 $D(\boldsymbol{y}, \boldsymbol{\mu})$ に対する次の近似式

$$D(\boldsymbol{y}; \boldsymbol{\mu}) = \sum_{i=1}^{n} \frac{(y_i - \mu_i)^2}{\mu_i}$$

が得られるが (Pearson, 1900)，この近似の精度は，$\mu^{1/3}$ のスケールでの近似より若干悪いことが知られている．

4.2 過　分　散

計数データ Y について,

$$\mathrm{Var}(Y) > E(Y)$$

が疑われるとき, ポアソン分布の仮定が妥当ではなく, 過分散と呼ばれる. 計数データに関する過分散現象の原因はいくつか考えられる. 例えば, 事象の生起する区間が固定ではなく, ランダムに変動するポアソン過程が考えられる. また, 割合データと同様に, 計数データがクラスタリングされている場合も考えられる. 後者の場合について確認してみよう. N をクラスタの数とし, 確率変数とすると,

$$Y = Z_1 + Z_2 + \cdots + Z_N$$

と書ける. ここで, Z_i は互いに独立で同分布に従い, N は Z_i と独立でポアソン分布に従うと仮定すると, Y の周辺平均は

$$E(Y) = E\{E(Y|N)\} = E(N)E(Z)$$

となり, 分散は

$$\begin{aligned}\mathrm{Var}(Y) &= E(N)\mathrm{Var}(Z) + \mathrm{Var}(N)\{E(Z)\}^2 \\ &= E(N)E(Z^2)\end{aligned}$$

となる. これらの式から, $E(Z^2) > E(Z)$ であれば, $\mathrm{Var}(Y) > E(Y)$ となり, 過分散現象が生じる.

過分散現象が起きるもう 1 つの簡単な説明を見てみよう. これは, 測定値自体はポアソン分布に従うと見てよいが, ポアソン分布の平均 $E(Y) = Z$ が確率的に変動する場合である. もし, Z が平均 μ, 分散 μ/ϕ のガンマ分布に従うと仮定できれば, Y の周辺分布は負の 2 項分布に従うことがわかる (Plackett, 1981). このときの Y の確率関数は

$$P(Y = y; \mu, \phi) = \frac{\Gamma(y + \phi\mu)\phi^{\phi\mu}}{y!\Gamma(\phi\mu)(1+\phi)^{y+\phi\mu}}, \quad y = 0, 1, 2, \ldots \tag{4.4}$$

となる. このときの Y の平均と分散はそれぞれ

$$E(Y) = \mu, \quad \mathrm{Var}(Y) = \frac{\mu(1+\phi)}{\phi}$$

となり，過分散となることが確認できる．このとき，μ についての回帰モデルとして $\boldsymbol{\mu} = \boldsymbol{\mu}(\boldsymbol{\beta})$ を仮定し，過分散を規定する定数 ϕ が未知のとき，$\boldsymbol{\beta}$ の最尤推定量を求めるアルゴリズムは重み付き最小 2 乗法によるものとは異なる．負の 2 項分布に基づく推定量とポアソン分布に基づく推定量の差は，$O_p(\phi^{-2})$ になることが知られている．したがって，ϕ が大きくなっていくとき，両者の差はさほど顕著ではない．

もう 1 つ考えられる混合モデルとして次のものがある．すなわち，Z が平均 μ，インデックス ν のガンマ分布に従う．ただし，ν は μ に依存しない．このとき，Z の分散は平均の 2 乗に比例する．この場合の Y の周辺分散は

$$\mathrm{Var}(Y) = \mu + \frac{\mu^2}{\nu}$$

と計算できる．

これまでに議論してきたような過分散を引き起こすメカニズムがはっきりわからない場合，未知の定数 σ^2 を用いて，

$$\mathrm{Var}(Y) = \sigma^2\mu$$

と仮定することもできよう．

4.3 漸 近 理 論

一般的漸近論によれば，標本数が大きくなっていくとき，フィッシャー情報行列の固有値が無限に増大すれば，最尤推定量 $\widehat{\boldsymbol{\beta}}$ は一致性および漸近正規性をもつ．いまの場合，パラメータの次元 p を固定し，標本数 n が限りなく大きくなっていくときにこのような漸近的結果を適用することができる．標本の大きさ n とパラメータの次元 p の両方を固定したとき，もし全ての i に対して μ_i が大きくなっていけばこのような漸近的結果も成立する．このときの $\widehat{\boldsymbol{\beta}}$ の漸近共分散行列は $\sigma^2\boldsymbol{i}_{\boldsymbol{\beta}}^{-1}$ となる．また，拡散母数 σ^2 については，次のように推定することができる．

$$\tilde{\sigma}^2 = \frac{X^2}{n-p}$$

$$= \frac{1}{n-p} \sum_{i=1}^{n} \frac{(y_i - \widehat{\mu}_i)^2}{\widehat{\mu}_i}$$

この推定量 $\tilde{\sigma}^2$ の有効自由度 (effective degrees of freedom) は

$$f = (n-p)\left(1 + \frac{1}{2}\bar{\rho}_4\right)^{-1}$$

である．ただし，$\bar{\rho}_4$ は Y_i の標準化された 4 次のキュムミュラントの平均である．$\boldsymbol{\beta}$ の各成分に関する信頼区間は自由度 $n-p$ の t 分布に基づいて構成すればよい．σ^2 が未知のときの修正として，自由度に $n-p$ の代わりに f を用いることが推奨されている．

4.4 線形モデルと多項反応モデル

以下では，頻度データに対しての対数線形モデルと，割合データに対しての多項反応モデル (multinomial response model) の関係についての考察を行う．総和が与えられたときの独立なポアソン分布の条件付き分布として，2 項分布や多項分布を導出することができる．この事実が，線形モデルと多項反応モデルの理論的な関連づけを与えている．

まず，2 つ以上のポアソン分布の平均の比較問題について考えよう．ここで，独立な確率変数 $Y_1, \ldots, Y_k$ について，

$$Y_i \sim \mathrm{Po}(\mu_i), \quad i = 1, \ldots, k$$

を仮定する．すなわち，Y_i は平均 μ_i のポアソン分布に従うとする．これらの平均が同じであるという仮説，すなわち，

$$H_0: \ \mu_1 = \mu_2 = \cdots = \mu_k = e^{\beta_0}$$

を検定する問題がしばしばある．対立仮説として，ある未知の β_1 に対して，

$$H_1: \ \log(\mu_i) = \beta_0 + \beta_1 x_i$$

を考える．ただし，x_i は与えられた定数である．このときの総和 $m = \sum_{i=1}^{n} y_i$ は β_0 の十分統計量である．m を固定したときの次の検定統計量

$$T = \sum_{i=1}^{k} x_i Y_i$$

を考える．このとき有意水準を計算するには，インデックス m，パラメータ $(1/k, \ldots, 1/k)$ をもつ多項分布に基づけばよい．この条件付き分布の中に攪乱母数 β_0 が含まれていないことに注意する．したがって，対立仮説 $\beta_1 > 0$ に対して，片側有意水準

$$p^+ = P(T \geq t_{\text{obs}} \mid H_0)$$

を多項分布に基づいて計算すればよいことがわかる．言い換えると，総和 $m = \sum y_i$ に基づく条件付き推論は，攪乱母数 β_0 を確率の計算から除去する効果がある．H_0 の下での T の周辺平均と周辺分散は

$$E(T \mid H_0) = \sum x_i e^{\beta_0} \approx \sum \frac{x_i y_.}{k}$$
$$\text{Var}(T \mid H_0) = \sum x_i^2 e^{\beta_0} \approx \sum \frac{x_i^2 y_.}{k}$$

となることがわかる．これらの量は β_0 に依存することに注意する．一方，条件付き平均と分散

$$E(T \mid Y_., H_0) = \sum \frac{x_i y_.}{k}$$
$$\text{Var}(T \mid Y_., H_0) = \sum \frac{(x_i - \bar{x})^2 y_.}{k}$$

の中にいずれも β_0 は含まれていない．

このときのポアソン分布の対数尤度は

$$\ell_{\boldsymbol{y}}(\beta_0, \beta_1) = \beta_0 \sum y_i + \beta_1 \sum x_i y_i - \sum \exp(\beta_0 + \beta_1 x_i)$$

である．多項反応モデルとの関連を見るために，次の変換

$$\tau = \sum \exp(\beta_0 + \beta_1 x_i)$$

を考える．このときの (τ, β_1) における対数尤度は次のように分解される．

$$\begin{aligned} \ell_{\boldsymbol{y}}(\tau, \beta_1) &= \boldsymbol{y}_. \log \tau - \tau + \beta_1 \sum x_i y_i - m \log \sum \exp(\beta_1 x_i) \\ &= \ell_{\boldsymbol{m}}(\tau, \boldsymbol{m}) + \ell_{\boldsymbol{Y}|\boldsymbol{m}}(\beta_1; \boldsymbol{y}) \end{aligned} \tag{4.5}$$

(4.5) 式の右辺の第 1 項は，$\boldsymbol{m} = \boldsymbol{Y}_. \sim P(\tau)$ に基づくポアソン分布の対数尤度

で，第 2 項は $\boldsymbol{m}$ が与えられたときの条件付き分布

$$Y_1, \ldots, Y_k \,|\, (\boldsymbol{Y}_{\cdot} = \boldsymbol{m}) \sim \mathrm{Mult}(\boldsymbol{m}, \pi)$$

に基づく β_1 における多項分布の対数尤度である．ただし，

$$\pi_j = \frac{\exp(\beta_1 x_j)}{\sum_i \exp(\beta_1 x_i)}$$

である．ここで注意すべき点は，$\boldsymbol{Y}_{\cdot}$ の周辺尤度は τ のみに依存し，$\boldsymbol{Y}_{\cdot}$ を与えたときの条件付き尤度は β_1 のみに依存する点である．β_0 に関する情報もなければ，τ に関する情報もないことに注意すれば，β_1 に関する全ての情報は $\boldsymbol{Y}_{\cdot}$ を与えたときの条件付き尤度に含まれる．

また，(τ, β_1) に関するフィッシャー情報量は

$$\boldsymbol{i}_{\tau\beta_1} = \mathrm{diag}\left\{\frac{1}{\tau}, \sum \pi_i (x_i - \bar{x})^2\right\}$$

と計算できる．フィッシャー情報行列 $\boldsymbol{i}_{\tau\beta_1}$ が対角行列であることに注意すると，τ と β_1 が直交していることがわかる．したがって，τ と β_1 の最尤推定量 $\widehat{\tau}$ と $\widehat{\beta}_1$ は，漸近正規性が成り立つという通常の正則条件の下で，近似的に独立であることがわかる．

4.5　多項反応モデル

ある種の多項反応モデルを対数線形モデルとして見ることができる (Palmgren, 1981)．得られたデータ Y_{ij} を 2 元表で表してみると，次のようになる．

$$\begin{matrix} Y_{11} & \cdots & Y_{1k} \\ & \cdots & \\ Y_{n1} & \cdots & Y_{nk} \end{matrix}$$

実際の応用上では，i は通常複合的な指標で，2 つ以上の因子から構成される場合が多い．以下では簡単のために，この点を無視して議論を進めよう．まず次の対数線形モデルを考える．

$$\log \mu_{ij} = \phi_i + \boldsymbol{x}'_{ij}\boldsymbol{\beta} \tag{4.6}$$

ただし，$\mu_{ij} = E(Y_{ij})$，$\boldsymbol{x}_{ij}$ は p 次元の既知のベクトル，$\boldsymbol{\beta}$ は関心の対象とな

るベクトル，$\phi_1,\ldots,\phi_n$ は付随母数 (incidental parameter) である．このモデルにおけるパラメータの次元は $n+p$ で，n が大きくなるにつれて無限に増大する．したがって，この場合の最尤推定量の一致性や有効性などは期待できない．一方，以下のように導出される条件付き対数尤度は，付随母数 $\phi_1,\ldots,\phi_n$ が含まれない $\boldsymbol{\beta}$ のみの関数なので，通常の漸近理論が成立する．

まず，対数尤度は次のように書けることに注意する．

$$\begin{aligned}\ell_{\boldsymbol{y}}(\boldsymbol{\phi},\boldsymbol{\beta}) &= \sum_{i,j}\left\{y_{ij}\left(\phi_i+\boldsymbol{x}'_{ij}\boldsymbol{\beta}\right)-\exp\left(\phi_i+\boldsymbol{x}'_{ij}\boldsymbol{\beta}\right)\right\}\\ &= \sum_i \phi_i y_{i.}+\sum_{i,j} y_{ij}\boldsymbol{x}'_{ij}\boldsymbol{\beta}-\sum_{i,j}\exp\left(\phi_i+\boldsymbol{x}'_{ij}\boldsymbol{\beta}\right)\end{aligned}$$

ここで，i 行目のデータの総和を $m_i=y_{i.}$ とし，また，次のように

$$\tau_i=\sum_j \mu_{ij}=\sum_j \exp(\phi_i+\boldsymbol{x}'_{ij}\boldsymbol{\beta})$$

パラメータの変換を行う．このとき，$(\boldsymbol{\tau},\boldsymbol{\beta})$ の関数としての対数尤度は次のように分解される．

$$\begin{aligned}\ell_{\boldsymbol{y}}(\boldsymbol{\tau},\boldsymbol{\beta}) &= \sum_i (m_i\log\tau_i-\tau_i)\\ &\quad+\sum_i\left[\sum_j y_{ij}\boldsymbol{x}'_{ij}\boldsymbol{\beta}-m_i\log\left\{\sum_j\exp(\boldsymbol{x}'_{ij}\boldsymbol{\beta})\right\}\right]\\ &= \ell_{\boldsymbol{m}}(\boldsymbol{\tau};\boldsymbol{m})+\ell_{\boldsymbol{y}|\boldsymbol{m}}(\boldsymbol{\beta};\boldsymbol{y})\end{aligned}$$

上の式の第 1 項は，行和 $Y_{i.}$ がポアソン分布 $\mathrm{Po}(\tau_i)$ に従うことに基づいている．$\boldsymbol{\tau}$ におけるポアソン対数尤度である第 2 項は，$y_{i.}$ を与えたときの条件付き対数尤度であり，$\boldsymbol{\beta}$ のみに依存することに注意する．したがって，$\boldsymbol{\beta}$ に関する全ての情報は第 2 項の条件付き対数尤度に集約されている．例えば，$\ell_{\boldsymbol{y}|\boldsymbol{m}}(\boldsymbol{\beta};\boldsymbol{y})$ に基づく最尤推定量 $\widehat{\boldsymbol{\beta}}$ とその共分散行列 $\mathrm{Cov}(\widehat{\boldsymbol{\beta}})$ は全対数尤度に基づくものと同じである．言い換えると，対数線形モデル (4.6) は次の確率

$$\pi_{ij}=\frac{\exp\left(\boldsymbol{x}'_{ij}\boldsymbol{\beta}\right)}{\sum_j\exp\left(\boldsymbol{x}'_{ij}\boldsymbol{\beta}\right)} \tag{4.7}$$

をもつ多項反応モデルと同値である．$\tau_i\geq 0$ であれば，対数線形モデル (4.6) と多項反応モデル (4.7) との同値性は保証される．τ_i と ϕ_i のその他のいかな

る制約条件も必要ない．また，対数線形モデル (4.6) における行和は，$\boldsymbol{\beta}$ に関するいかなる情報ももっていないことに注意する．

4.6 反応変数が多次元の場合

薬効試験などにおいては，薬の治療効果の観察だけではなく，副作用のデータの収集も常に重要である．このように，1つの試験において，複数の計数データがいくつかのカテゴリに分類される場合がしばしばある．多変量のデータが与えられるとき，1変量では考えられないような問題を考えることが可能となる．例えば，各カテゴリ間のデータの独立性がしばしば興味の対象となろう．このようなとき，多次元のデータが得られた背景などを反映した適切なモデルの構築が重要である．

まずカテゴリ間の独立性や条件付き独立性の検出の問題を考えよう．話を簡単にするために，計数データが3つのカテゴリ，A, B, C に分けて得られているとし，他の共変量を考慮せず，A, B, C 間の独立性の検証問題に焦点を当てて検討を進めることにする．

A, B, C が互いに独立であることを表現する対数線形モデルを $\mathrm{A}+\mathrm{B}+\mathrm{C}$ と書くことにする．また，A と B の交互作用のみを取り入れるモデルとして，$\mathrm{A}*\mathrm{B}+\mathrm{C}$ と書く．このモデルは，C の各レベルに対して，A と B の同時分布が同じであることを意味するモデルである．すなわち，C は (A,B) と独立であることを表すモデルである．モデル $\mathrm{A}*\mathrm{B}+\mathrm{C}$ を具体的に成分を用いて

$$\log\mu_{ijk}=(\alpha\beta)_{ij}+\gamma_k$$

と書くことが可能である．上の式にパラメータに関する制約は含まれていないが，これらの条件を問題に応じて決める必要がある．

パスモデル (path model; Goodman, 1973) と呼ばれるモデルは，2つ以上の交互作用を含むモデルである．例えば，モデル $\mathrm{A}*\mathrm{B}+\mathrm{B}*\mathrm{C}$ は，B を与えたとき，A と C が独立であるモデルを表している．このモデルは，因果的パス $\mathrm{A}\to\mathrm{B}\to\mathrm{C}$ に対応している．このパスモデルは，A が B に，B が C に直接影響を与えているが，A と C の間に直接なリンクが存在しない．このような性質はマルコフ性と呼ばれるときがある．同じ条件付き独立性 $\mathrm{A}\perp\!\!\!\perp\mathrm{C}\,|\,\mathrm{B}$ を表す因

果グラフとして，次の3つの有向非巡回グラフ (directed acyclic graph; DAG)

$$\underset{(a)}{A \to B \to C} \quad \underset{(b)}{C \to B \to A} \quad \underset{(c)}{A \leftarrow B \to C}$$

が同値であることが知られている．したがって，因果の方向については，モデルのみから推測することができない．

これらのパスモデルを検証するための1つの自然な方法として，AがCに影響を与えるだけではなく，Bを介在せずに影響を与えるかどうかを調べればよい．したがって，次の2つのモデル

$$A * B + B * C \quad \text{v.s.} \quad A * B + B * C + C * A$$

を比較すればよい．より複雑なモデル (右) で有意に逸脱度が減少すれば，条件付き独立性 ((a), (b), (c)) が疑われる理由となる．

4.7 擬 似 尤 度

パラメータの推定やモデルの比較など，尤度は統計推測において中心的な概念である．頻度論的な観点から，尤度を指定することは，データが同じ条件の下で繰り返し試行を行えることを想定して，現在のデータが得られる確率的なメカニズムを想定することを意味している．しかしこのような想定が現実的ではない場合がある．しばしばデータに関する知識が限られていて，データの独立性や，変動範囲，おおよその平均値，ばらつきなどの情報に限られている．また，一方でしばしばデータの平均がどのように共変量の影響を受けるかを調べることが研究の主な目的となることがある．このようなとき，尤度の指定は現実的に難しくなる一方，また尤度を完全に指定しなくとも回帰分析は行える．このような背景で誕生したのが擬似尤度の概念である．

4.7.1 観測値が独立な場合

まず観測値が独立である場合について考える．$\boldsymbol{Y} = (Y_1, \ldots, Y_n)$ とし，$\boldsymbol{Y}$ の各成分が独立であるとする．ここで，$\boldsymbol{Y}$ の確率分布についての指定はせず，$\boldsymbol{Y}$ の平均と分散の次の関係

$$\boldsymbol{\mu} = E(\boldsymbol{Y}), \quad \mathrm{Cov}(\boldsymbol{Y}) = \sigma^2 \boldsymbol{V}(\boldsymbol{\mu})$$

のみを仮定する．ここで，σ^2 は未知で，$\boldsymbol{V}(\cdot)$ は既知の関数である．$\boldsymbol{Y}$ の分散共分散は，独立性により，

$$\boldsymbol{V}(\boldsymbol{\mu}) = \mathrm{diag}\,\{V_1(\mu_1), \ldots, V_n(\mu_n)\} \tag{4.8}$$

と対角行列となる．Y_i の分散 $V_i(\boldsymbol{\mu}) = V_i(\mu_i)$ が Y_i の平均 μ_i のみに依存していることを仮定している．多くの場合，$V_i(\cdot)$ は同じ関数と仮定してよいが，以下の議論では分散関数が異なっていても構わない．

データの独立性を仮定しているので，$\boldsymbol{Y}$ の 1 つの成分についての擬似尤度の構築を考えれば十分である．まず，Y と平均 $\mu = E(Y)$ の関数

$$U = u(\mu; Y) = \frac{Y - \mu}{\sigma^2 V(\mu)}$$

を考える．U の 1 次モーメントと 2 次モーメントが

$$E(U) = 0 \tag{4.9}$$

$$\mathrm{Var}(U) = \frac{1}{\sigma^2 V(\mu)} \tag{4.10}$$

$$-E\left(\frac{\partial U}{\partial \mu}\right) = \mathrm{Var}(U) \tag{4.11}$$

となることが簡単に確かめられる．性質 (4.9)–(4.11) は，U が真のスコア関数の場合，よく知られている性質である．ほとんどの 1 次漸近理論はこれらの性質のみに基づいている．これらの性質から，次の積分

$$Q(\mu; y) = \int_y^{\mu} \frac{y - t}{\sigma^2 V(t)}\, dt \tag{4.12}$$

が存在するとき，$Q(\mu; y)$ は μ に関する対数尤度の役割を果たすことが期待される．$Q(\mu; y)$ が擬似尤度と呼ばれるものであり，その形は分散関数のみに決定されることに注意しよう．表 4.1 では，よく使われるいくつかの分散関数に対しての擬似尤度をまとめている．

データが独立なので，全データ $\boldsymbol{y}$ に基づく擬似 (対数) 尤度を

$$Q(\boldsymbol{\mu}; \boldsymbol{y}) = \sum Q_i(\mu_i; y_i)$$

として定義する．同様に，尤度比としての逸脱度の概念も拡張できる．擬似尤

表 **4.1** いくつかの分散関数における擬似尤度 (McCullagh and Nelder, 1989, 表 9.1)

分散関数 $V(\mu)$	擬似尤度 $Q(\mu; y)$	分布の名前	範囲
1	$-\dfrac{(y-\mu)^2}{2}$	正規分布	$-\infty < y,\ \mu < \infty$
μ	$y \log \mu - \mu$	ポアソン分布	$\mu > 0,\ y \geq 0$
μ^2	$-\dfrac{y}{\mu} - \log \mu$	ガンマ分布	$\mu > 0,\ y > 0$
μ^3	$-\dfrac{y}{2\mu^2} + \dfrac{1}{\mu}$	逆ガウス分布	$\mu > 0,\ y > 0$
μ^ρ	$\mu^{-\rho}\left(\dfrac{\mu y}{1-\rho} - \dfrac{\mu^2}{2-\rho}\right)$	—	$\mu > 0,\ \rho \neq 0, 1, 2$
$\mu(1-\mu)$	$y \log\left(\dfrac{\mu}{1-\mu}\right) + \log(1-\mu)$	2 項分布	$0 < \mu < 1,\ 0 \leq y \leq 1$
$\mu^2(1-\mu)^2$	$(2y-1)\log\left(\dfrac{\mu}{1-\mu}\right) - \dfrac{y}{\mu} - \dfrac{1-y}{1-\mu}$	—	$0 < \mu < 1,\ 0 < y < 1$
$\mu + \dfrac{\mu^2}{k}$	$y \log\left(\dfrac{\mu}{k+\mu}\right) + k \log\left(\dfrac{k}{k+\mu}\right)$	負の 2 項分布	$\mu > 0,\ y \geq 0$

度に基づく逸脱度は

$$D(y; \mu) = -2\sigma^2 Q(\mu; y) = 2\int_\mu^y \frac{y-t}{V(t)}\,dt \tag{4.13}$$

として定義される．擬似逸脱度 $D(y; \mu)$ は $y = \mu$ のときに 0 で，その他のところで正の値をとる．全逸脱度 $D(\boldsymbol{y}; \boldsymbol{\mu})$ は全ての $D(y_i; \mu_i)$ の総和をとればよい．擬似逸脱度 $D(\boldsymbol{y}; \boldsymbol{\mu})$ は σ^2 に依存しないことに注意する．

最尤推定量を尤度方程式の解として求めるのと同じように，擬似尤度が与えられたときのパラメータの推定量は擬似尤度方程式を解くことにより求めることができる．擬似尤度 $Q(\boldsymbol{\mu}; \boldsymbol{y})$ をパラメータに関して偏微分したもの

$$U(\boldsymbol{\beta}) = \frac{\partial}{\partial \boldsymbol{\beta}} Q(\boldsymbol{\mu}; \boldsymbol{y})$$

が擬似スコアと呼ばれる．擬似尤度方程式は $U(\boldsymbol{\beta}) = 0$ であり，すなわち

$$U(\boldsymbol{\beta}) = \sigma^{-2}\boldsymbol{D}'\boldsymbol{V}^{-1}(\boldsymbol{Y} - \boldsymbol{\mu}) = 0 \tag{4.14}$$

である．ただし，行列 $\boldsymbol{D} = (D_{ij})$ で，その成分は $\boldsymbol{\mu}(\boldsymbol{\beta})$ の $\boldsymbol{\beta}$ に関する偏微分 $D_{ij} = \partial\mu_i/\partial\beta_j$ である．$U(\boldsymbol{\beta})$ の期待値は 0 であり，また分散共分散行列は

$$\mathrm{Cov}\{U(\boldsymbol{\beta})\} = -E\left\{\frac{\partial}{\partial \boldsymbol{\beta}} U(\boldsymbol{\beta})\right\}$$

となることが簡単に確かめられ,

$$\mathrm{Cov}\{U(\boldsymbol{\beta})\} = \boldsymbol{i}_{\boldsymbol{\beta}} = \boldsymbol{D}'\boldsymbol{V}^{-1}\boldsymbol{D}/\sigma^2 \tag{4.15}$$

と計算できる. $\boldsymbol{i}_{\boldsymbol{\beta}}$ は擬似フィッシャー情報量と呼ばれるものであり, 通常の尤度推論におけるフィッシャー情報量と同じ役割を果たす. 例えば, $\boldsymbol{i}_{\boldsymbol{\beta}}$ の固有値に関して通常と同じ条件を仮定すれば, $U(\widehat{\boldsymbol{\beta}}) = 0$ の解である擬似尤度推定量 $\widehat{\boldsymbol{\beta}}$ の漸近分散は

$$\boldsymbol{i}_{\boldsymbol{\beta}}{}^{-1} = \sigma^2\left(\boldsymbol{D}'\boldsymbol{V}^{-1}\boldsymbol{D}\right)^{-1}$$

となり, 擬似フィッシャー情報量の逆行列となることが知られている.

擬似尤度方程式に対して, ニュートン・ラフソン法 (Newton–Raphson method) にフィッシャーのスコア法 (Fisher scoring) を適用すると, 次の $\widehat{\boldsymbol{\beta}}$ の one-step 推定量を計算することができる.

$$\widehat{\boldsymbol{\beta}}_1 = \widehat{\boldsymbol{\beta}}_0 + \left(\widehat{\boldsymbol{D}}_0'\widehat{\boldsymbol{V}}_0{}^{-1}\widehat{\boldsymbol{D}}_0\right)^{-1}\widehat{\boldsymbol{D}}_0'\widehat{\boldsymbol{V}}_0{}^{-1}(\boldsymbol{y} - \widehat{\boldsymbol{\mu}}_0) \tag{4.16}$$

(4.16) 式は, 擬似尤度推定量 $\widehat{\boldsymbol{\beta}}$ の性質を調べるのに大変便利である. 例えば, (4.16) 式から, $\widehat{\boldsymbol{\beta}}$ の漸近不偏性と漸近正規性が容易に導かれる. 実際の計算において, (4.16) 式の右辺の $\widehat{\boldsymbol{\beta}}_0$ を適当な初期値に置き換える必要がある.

ここまでの議論では, $Q(\boldsymbol{\mu};\boldsymbol{y})$ を通常の尤度関数かのように議論してきたが, σ^2 の推定においては, 別の方法を使う必要がある. σ^2 の推定量として最もよく使われるものとして, 残差ベクトル $\boldsymbol{Y} - \widehat{\boldsymbol{\mu}}$ を用いたモーメント推定量, すなわち,

$$\tilde{\sigma}^2 = \frac{1}{n-p}\sum_{i=1}^{n}\frac{(Y_i - \widehat{\mu}_i)^2}{V_i(\widehat{\mu}_i)} = \frac{X^2}{n-p}$$

である. ただし, X^2 は

$$X^2 = \sum_{i=1}^{n}\frac{(Y_i - \widehat{\mu}_i)^2}{V_i(\widehat{\mu}_i)}$$

で定義されるもので, 一般化ピアソン統計量と呼ばれるものである.

4.7.2 観測値が従属な場合

$\boldsymbol{Y} = (Y_1, \ldots, Y_n)$ の成分の間に従属関係がある場合, $\mathrm{Cov}(\boldsymbol{Y}) = \sigma^2\boldsymbol{V}(\boldsymbol{\mu})$ と

なり，$\boldsymbol{V}(\boldsymbol{\mu}) = V_{ij}(\boldsymbol{\mu})$ は対称で正定値行列である．ただし，$V_{ij}(\cdot)$ は既知の関数で，また一般に $\boldsymbol{V}$ は対角行列ではない．すなわち，$i \neq j$ のとき，$V_{ij}(\boldsymbol{\mu}) \neq 0$ である．このときの擬似スコア $\boldsymbol{U}(\boldsymbol{\beta})$ についても，次の性質が成り立つ．

$$\begin{aligned} E\{\boldsymbol{U}(\boldsymbol{\beta})\} &= 0 \\ \mathrm{Cov}\{\boldsymbol{U}(\boldsymbol{\beta})\} &= \boldsymbol{D}'\boldsymbol{V}^{-1}\boldsymbol{D}/\sigma^2 = \boldsymbol{i}_{\boldsymbol{\beta}} \\ -E\left\{\frac{\partial}{\partial\boldsymbol{\beta}}\boldsymbol{U}(\boldsymbol{\beta})\right\} &= \boldsymbol{D}'\boldsymbol{V}^{-1}\boldsymbol{D}/\sigma^2 \end{aligned} \tag{4.17}$$

これらの性質は，擬似スコア $\boldsymbol{U}(\boldsymbol{\beta})$ はある対数尤度の $\boldsymbol{\beta}$ に関する微分としての性質を有することを示している．適当な極限条件の下で，次の方程式

$$\boldsymbol{U}(\widehat{\boldsymbol{\beta}}) = \widehat{\boldsymbol{D}}'\widehat{\boldsymbol{V}}^{-1}(\boldsymbol{Y} - \widehat{\boldsymbol{\mu}}) = \boldsymbol{0}$$

の解である $\widehat{\boldsymbol{\beta}}$ は漸近的に不偏であり，また正規分布を極限分布としてもつことが知られている．さらに，$\widehat{\boldsymbol{\beta}}$ の漸近分散が

$$\sigma^2\left(\boldsymbol{D}'\boldsymbol{V}^{-1}\boldsymbol{D}\right)^{-1} = \boldsymbol{i}_{\boldsymbol{\beta}}{}^{-1}$$

となることが確かめられる．$\widehat{\boldsymbol{\beta}}$ の漸近不偏性と漸近正規性を保証するための主な条件は，標本の大きさ n が限りなく大きくなっていくとき，擬似スコア $\widehat{\boldsymbol{\beta}}$ が漸近正規性をもち，また擬似フィッシャー情報量の全ての固有値が全ての $\boldsymbol{\beta}$ に対して限りなく大きく増大することである．

4.8 事例研究 1：衛星雄カブトガニ・データ

4.8.1 雌カブトガニの産卵と衛星雄カブトガニ

カブトガニはカブトガニ綱に属する節足動物であり，古生代からその姿がほとんど変わっていない生きた化石と言われ，学術的な面から大変貴重である．カブトガニは背面全体が広く甲羅で覆われ，附属肢などは全てその下に隠れている (図 4.1)．産卵の季節になると，カブトガニは沿岸の浅瀬に集まり，1 匹の雄だけが選んだ雌の背中に張り付く．雌は砂場で穴を掘って卵を産み，雄は卵を受精させる．1 匹の雌が 6 万個から 12 万個の卵を産むが，その多くは鳥に食べられてしまう．穴の周辺に卵を受精させる目的で待機している別の雄が存在する可能性がある．これらの雄は雌の衛星 (satellite) と呼ばれる．

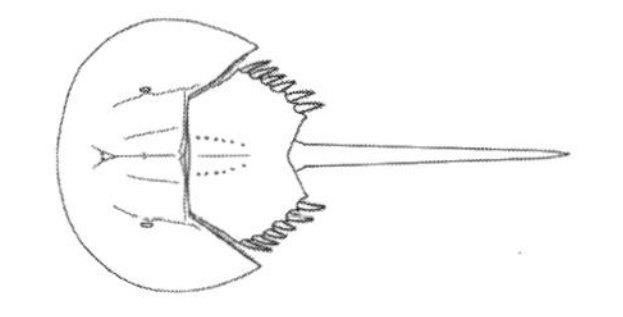

図 **4.1**　カブトガニ

この節では Brockmann (1996) によるメキシコ湾のある島の 173 匹の雌カブトガニに関する調査データ `crab.csv` を用いて計数データの解析法を解説する[*1)]．このデータ解析については Agresti (2015, 1.5.1 項, 7.5 節) も参照して欲しい．この研究の目的は雌の巣の周辺に存在する衛星雄の数が雌カブトガニのどのような特徴に影響を受けるかを調べることである．反応変数は雌の衛星カブトガニの数 `satellites` で，共変量としては，雌カブトガニの色 `color` (1: やや明るい; 2: 中程度; 3: やや暗い; 4: 暗い)，縁棘(えんぎょく) (terminal spine) の状態 `spine` (1: 2 本とも良好; 2: 1 本損傷か割れている; 3: 2 本とも損傷か割れている), 甲羅の幅 `width` (cm) と体重 `weight` (kg) の 5 つである．

まず，データの初めの数行を確認してみよう．

```
> head(crab)
  color spine width weight satellites
1     2     3  28.3   3.05          8
2     3     3  26.0   2.60          4
3     3     3  25.6   2.15          0
4     4     2  21.0   1.85          0
5     2     3  29.0   3.00          1
6     1     2  25.0   2.30          3
```

ここで，`color` と `spine` をカテゴリ変数に変え，データの要約量を求めよう．

```
> crab <- within(crab, {
+  color <- factor(color)
+  spine <- factor(spine)})
> summary(crab)
```

---

*1)　このデータは `https://onlinecourses.science.psu.edu/stat504/node/169` から入手できる．

```
color  spine       width           weight           satellites
1:12   1: 37   Min.   :21.0   Min.   :1.200   Min.   : 0.000
2:95   2: 15   1st Qu.:24.9   1st Qu.:2.000   1st Qu.: 0.000
3:44   3:121   Median :26.1   Median :2.350   Median : 2.000
4:22           Mean   :26.3   Mean   :2.437   Mean   : 2.919
               3rd Qu.:27.7   3rd Qu.:2.850   3rd Qu.: 5.000
               Max.   :33.5   Max.   :5.200   Max.   :15.000
```

明るい色と暗い色の間の中間色をもつカブトガニが約半数程度で，縁棘が2本とも損傷しているか割れているカブトガニが7割弱も占めている．甲羅の幅と体重のばらつきは比較的に小さいが，衛星の数のばらつきが目立つ．

tapply() 関数を用いて縁棘の状態と色を固定したときの衛星数の平均と分散を求めることができる．いずれのケースにおいても分散が平均より大きくなっていることに注意する．

```
> # 色別の平均と分散
> with(crab, tapply(satellites, color, function(x) {
+   sprintf("mean/var = %1.2f / %1.2f", mean(x), var(x))
+ }))
                     1                       2
 "mean/var = 4.08 / 9.72" "mean/var = 3.29 / 10.27"
                     3                       4
 "mean/var = 2.23 / 6.74" "mean/var = 2.05 / 13.09"
> # 縁棘の状態別の平均と分散
> with(crab, tapply(satellites, spine, function(x) {
+   sprintf("mean/var = %1.2f / %1.2f", mean(x), var(x))
+ }))
                      1                       2
"mean/var = 3.65 / 11.51"  "mean/var = 2.00 / 5.57"
                      3
 "mean/var = 2.81 / 9.82"
```

衛星雄カブトガニの数のヒストグラムを，雌の色と雌の縁棘の状態ごとに分け，それぞれ図 4.2 と図 4.3 で示した．これらのヒストグラムからほぼ全てのケースにおいて0の観測値がかなり多いことが目立つ．

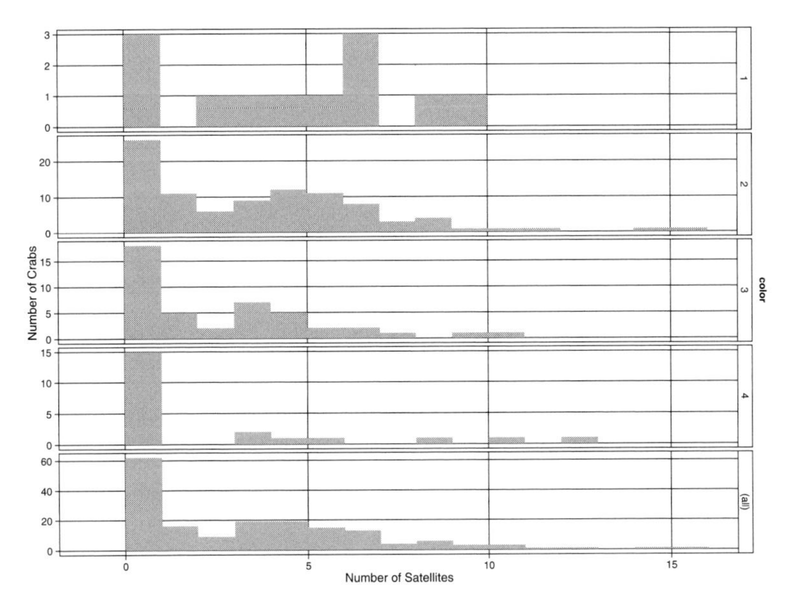

図 **4.2**　173 匹の雌カブトガニの衛星数の色別のヒストグラム

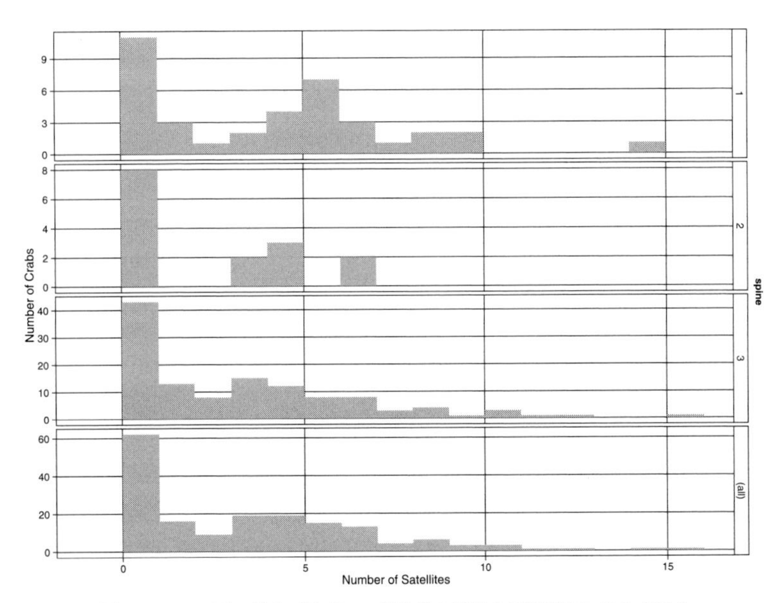

図 **4.3**　173 匹の雌カブトガニの衛星数の縁棘の状態別のヒストグラム

4.8.2 ポアソン対数線形モデル

さて，まず衛星数を従属変数として，雌の甲羅の幅と体重を説明変数として，通常の対数線形モデルを当てはめてみよう．

```
> crab.psn1 <- glm(satellites ~width+weight,
+                          family=poisson(link=log),data=crab)
> summary(crab.psn1)

Call:
glm(formula = satellites ~ width + weight, family = poisson(link = log),
    data = crab)

Deviance Residuals:
    Min       1Q   Median       3Q      Max
-2.9308  -1.9705  -0.5481   0.9700   4.9905

Coefficients:
            Estimate Std. Error z value Pr(>|z|)
(Intercept) -1.29168    0.89929  -1.436  0.15091
width        0.04590    0.04677   0.981  0.32640
weight       0.44744    0.15864   2.820  0.00479 **
---
Signif.codes:0  '***'  0.001 '**'  0.01 '*'  0.05  '.'  0.1 ' '  1

(Dispersion parameter for poisson family taken to be 1)

    Null deviance: 632.79  on 172  degrees of freedom
Residual deviance: 559.89  on 170  degrees of freedom
AIC: 921.18

Number of Fisher Scoring iterations: 6
```

上の出力から推定されたモデルは

$$\log(\mu) = -1.29168 + 0.04590 \times \mathrm{width} + 0.44744 \times \mathrm{weight}$$

となる．`width` と `weight` のうち，体重に対応する係数 0.44744 のみが有意となっている．この係数が 0 以上なので，雌の体重が大きければ衛星数も増えると推測される．より具体的に $\exp 0.44744 \approx 1.56$ なので，雌の体重が 1 kg 増えると約 1.56 匹の衛星雄が増えると予想される．ただし，残差逸脱度が大きく自由度を超えているため，このモデルの当てはめが良くないことが懸念される．当てはめの悪さの原因の 1 つとして考えられるのは過分散の存在である．実際，次のようにして残差逸脱度と自由度に基づいて χ^2 検定を行い，モデルの適合度を確認できる．

```
> 1-pchisq(crab.psn1$deviance, crab.psn1$df.residual)
[1] 0
```

この場合の p 値は 0 なので，モデルがデータに適合しているという帰無仮説が棄却される．

次に step() 関数を用いて最適ポアソン対数線形モデルを探索してみよう．以下が探索の結果である．

```
> poisson.full <- glm(satellites ~.,family=poisson(link=log),data=crab)
> step(poisson.full)
Start:  AIC=920.86
satellites ~ color + spine + width + weight

         Df Deviance    AIC
- spine   2   551.36 918.66
- width   1   549.68 918.98
<none>        549.56 920.86
- color   3   558.81 924.11
- weight  1   558.63 927.93

Step:  AIC=918.66
satellites ~ color + width + weight

         Df Deviance    AIC
- width   1   551.78 917.08
<none>        551.36 918.66
- color   3   559.89 921.18
- weight  1   559.34 924.64

Step:  AIC=917.08
satellites ~ color + weight

         Df Deviance    AIC
```

```
<none>         551.78 917.08
- color   3    560.84 920.14
- weight  1    609.14 972.44

Call:  glm(formula = satellites ~ color + weight, family =
    poisson(link = log), data = crab)

Coefficients:
(Intercept)       color2       color3       color4       weight
   -0.04961     -0.20508     -0.44966     -0.45228      0.54608

Degrees of Freedom: 172 Total (i.e. Null);  168 Residual
Null Deviance:      632.8
Residual Deviance: 551.8  AIC: 917.1
```

step() 関数を適用した結果，color と weight を説明変数とするモデルが最終的に選択されている．最適一般化線形モデルの探索にパッケージ bestglm の関数 bestglm を用いることもできる．いまのデータに適用した場合，この 2 つの関数は同じ結果を導いている．

```
> bestglm(crab, family=poisson(link=log), IC="AIC")
Morgan-Tatar search since family is non-gaussian.
Note: factors present with more than 2 levels.
AIC
Best Model:
           Df Sum Sq Mean Sq F value   Pr(>F)
color       3   67.5   22.51   2.606  0.0535 .
weight      1  186.4  186.40  21.582 6.81e-06 ***
Residuals 168 1450.9    8.64
---
Signif. codes:  0 ‘***’ 0.001 ‘**’ 0.01 ‘*’ 0.05 ‘.’ 0.1 ‘ ’ 1
```

ここで最適ポアソンモデルを当てはめたときの詳細な情報を確認してみよう．

```
> summary(crab.psn2)

Call:
glm(formula = satellites ~ color + weight, family = poisson(link = log),
    data = crab)
```

```
Deviance Residuals:
    Min       1Q   Median       3Q      Max
-2.9831  -1.9273  -0.5549   0.8645   4.8271

Coefficients:
            Estimate Std. Error z value Pr(>|z|)
(Intercept) -0.04961    0.23311  -0.213   0.8315
color2      -0.20508    0.15371  -1.334   0.1821
color3      -0.44966    0.17574  -2.559   0.0105 *
color4      -0.45228    0.20843  -2.170   0.0300 *
weight       0.54608    0.06809   8.020 1.06e-15 ***
---
Signif. codes:  0 '***' 0.001 '**' 0.01 '*' 0.05 '.' 0.1 ' ' 1

(Dispersion parameter for poisson family taken to be 1)

    Null deviance: 632.79  on 172  degrees of freedom
Residual deviance: 551.78  on 168  degrees of freedom
AIC: 917.08

Number of Fisher Scoring iterations: 6
```

上の結果から 1 つ興味深いことが読み取れる．すなわち，明るい色をベースにして，雌の色が少しずつ暗くなるにつれて，衛星の数の期待値がそれに応じて順次減少していく．対応する p 値を確認すると，その減り方もより有意な方向に向いている．しかし，残差逸脱度は 551.78 とあり，依然として大きく自由度 168 を超えているので，過分散の存在を強く示唆し，通常のポアソンモデルの当てはめを改善する必要がある．

4.8.3　負の 2 項分布モデル

次に過分散に対処するためのモデルの 1 つである負の 2 項分布モデルを当てはめてみよう．MASS パッケージにある glm.nb() は負の 2 項分布モデルを当てはめる関数で，使い方は glm() と基本的に同様である．

```
> require(MASS)
> crab.nb <- glm.nb(satellites ~.,data=crab)
```

```
> summary(crab.nb)

Call:
glm.nb(formula = satellites ~ ., data = crab, init.theta = 0.9650380207,
    link = log)

Deviance Residuals:
    Min       1Q   Median       3Q      Max
-1.8788  -1.3685  -0.3267   0.4224   2.2288

Coefficients:
             Estimate Std. Error z value Pr(>|z|)
(Intercept) -0.274784   1.950675  -0.141   0.8880
color2      -0.320766   0.372716  -0.861   0.3894
color3      -0.596232   0.417342  -1.429   0.1531
color4      -0.579357   0.466470  -1.242   0.2142
spine2      -0.242827   0.398357  -0.610   0.5421
spine3       0.042811   0.248427   0.172   0.8632
width       -0.002522   0.099678  -0.025   0.9798
weight       0.700752   0.356375   1.966   0.0493 *
---
Signif. codes:  0 '***' 0.001 '**' 0.01 '*' 0.05 '.' 0.1 ' ' 1

(Dispersion parameter for Negative Binomial(0.965) family taken to be 1)

    Null deviance: 220.68  on 172  degrees of freedom
Residual deviance: 196.52  on 165  degrees of freedom
AIC: 763.32

Number of Fisher Scoring iterations: 1


              Theta:  0.965
          Std. Err.:  0.176

 2 x log-likelihood:  -745.319
> 1-pchisq(crab.nb $deviance, crab.nb$df.residual)
[1] 0.04730894
```

この場合の残差逸脱度 196.52 は自由度 165 とほぼ同じであり，このモデルがデータに適合していることを示唆している．`step(crab.nb)` を適用し，最適モデルを探索することもできるが，紙面の節約のため出力は割愛する．この場合に選ばれた最適モデルは体重のみを説明変数とするモデルであり，このモデルを当てはめたときの詳細な情報を以下のように確認できる．

```
> crab_weight.nb <- glm.nb(satellites ~ weight,data=crab)
> summary(crab_weight.nb)

Call:
glm.nb(formula = satellites ~ weight, data = crab, init.theta =
    0.9310998551, link = log)

Deviance Residuals:
    Min       1Q   Median       3Q      Max
-1.8393  -1.4123  -0.3246   0.4747   2.1278

Coefficients:
            Estimate Std. Error z value Pr(>|z|)
(Intercept)  -0.8637     0.4046  -2.135   0.0328 *
weight        0.7599     0.1578   4.817 1.46e-06 ***
---
Signif. codes:  0 '***' 0.001 '**' 0.01 '*' 0.05 '.' 0.1 ' ' 1

(Dispersion parameter for Negative Binomial(0.9311) family taken to be 1)

    Null deviance: 216.44  on 172  degrees of freedom
Residual deviance: 196.16  on 171  degrees of freedom
AIC: 754.64

Number of Fisher Scoring iterations: 1


              Theta:  0.931
          Std. Err.:  0.168

 2 x log-likelihood:  -748.643
> 1-pchisq(crab_weight.nb$deviance, crab_weight.nb$df.residual)
[1] 0.09096935
```

このときの残差逸脱度はほぼ自由度に等しく，χ^2 検定でもこのモデルの妥当性が支持されている．このときの体重に対応する係数は 0.7599 であり，雌の体重が 1 kg 増えると，衛星雄の数の期待値が約 $\exp 0.7599 \approx 2.14$ 匹増えると予想される．体重のみを説明変数とする通常のポアソンモデルの対応する係数の最尤推定量は 0.5892 で，過分散に適切に対処しなければ，過小な予測となる危険性があることがわかる．

次のプログラムでは雌カブトガニを色別に分けて体重に基づいた衛星雄の数の予測値と 95% 信頼区間を求めている．得られた図 4.4 から雌カブトガニの色が明るくなるにつれて衛星雄カブトガニの数の予測値も増える傾向が読み取れる．同様に雌カブトガニの縁棘状態別の体重に基づいた予測衛星数と 95% 信頼区間も同様に求めることができる (図 4.5)．3 つのグループ間に大きな差は見られないが，縁棘の状態が最も良いグループの予測値が最も高くなっている．

```
1  # 雌の色別の体重に基づく予測衛星数と 95% 信頼区間
2  wc.nb <- glm.nb(satellites ~ weight+color,data=crab)
3  pred.wc <- data.frame(
4    weight = rep(seq(from = w.1, to = w.2, length.out = 100), 4),
5    color = factor(rep(1:4, each = 100), levels = 1:4))
6  pred.wc <- cbind(pred.wc, predict(wc.nb, pred.wc, type = "link", se.fit=
7      TRUE))
8  pred.wc <- within(pred.wc, {
9    satellites <- exp(fit)
10   l <- exp(fit - 1.96 * se.fit)
11   u <- exp(fit + 1.96 * se.fit)
12 })
13 ggplot(pred.wc, aes(weight, satellites)) +
14   geom_ribbon(aes(ymin = l, ymax = u, fill = color), alpha = .1) +
15   geom_line(aes(colour = color), size = 1) +
16   labs(x = "weight␣of␣Crabs", y = "Predicted␣Number␣of␣satellites")
```

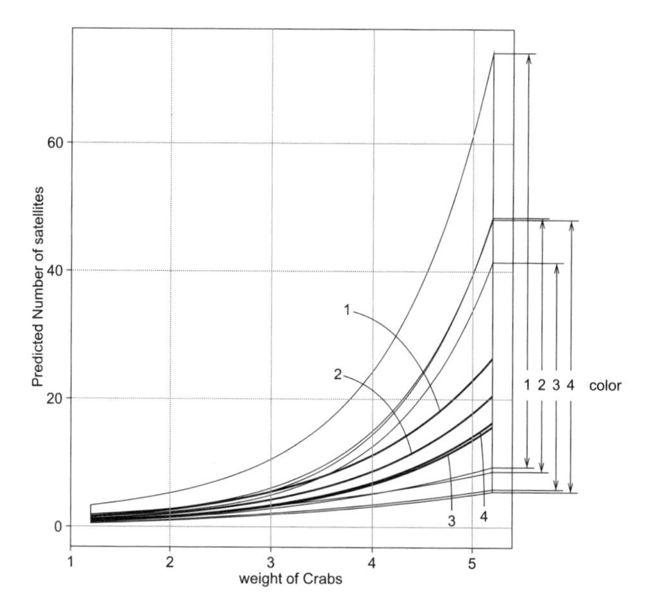

図 4.4 雌カブトガニの色別の体重に基づく予測衛星数と 95% 信頼区間

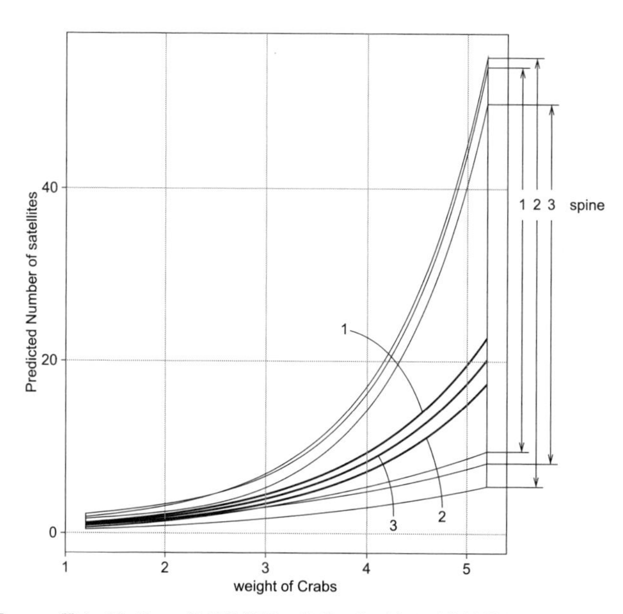

図 4.5 雌カブトガニの縁棘状態別の体重に基づく予測衛星数と 95% 信頼区間

4.9 事例研究 2：国民医療費支出実態調査データ

4.9.1 アメリカ国民医療費支出実態調査データ

この節ではアメリカの高齢者の医療制度の利用実態に関する調査データ (Deb and Trivedi, 1997) DebTrivedi.csv を例に計数データの解析を解説する．このデータは Zeileis et al. (2008)*2) から取得できる．このデータは 1987 年から 1988 年に行われた国民医療費支出実態調査 (National Medical Expenditure Survey; NMES) の一部である．NMES はアメリカ全土 15,000 世帯の 38,000 人に，加入している医療制度，かかるコストや利用状況などを尋ねたアンケートデータである．健康状態や就労状況，社会人口的特性，経済状況などの個人の特性に関する情報も含まれている．

Deb and Trivedi (1997) は 66 歳以上の 4406 人の高齢者のデータの分析を行った．分析の対象となる全ての人が Medicare という優遇されている公的保険制度に加入している．65 歳以上でアメリカ在住の人は Medicare に加入する資格があり，66 歳以上のほとんどの人がこの制度の恩恵を受けている．一方，65 歳以上で私的医療保険制度に加入する場合，保険料の急激な上昇や保険範囲の狭さなどの要因で，65 歳に達する前に何らかの私的医療保険制度に加入する人も少なくない．まずこのデータセットの初めの数行を見てみよう．19 個の変数のうちほとんどがカテゴリ変数である．

```
> dim(DebTrivedi)
[1] 4406   19
> head(DebTrivedi)
  ofp ofnp opp opnp emer hosp  health numchron adldiff region age
1   5    0   0    0    0    1 average        2      no  other 6.9
2   1    0   2    0    2    0 average        2      no  other 7.4
3  13    0   0    0    3    3    poor        4     yes  other 6.6
4  16    0   5    0    1    1    poor        2     yes  other 7.6
5   3    0   0    0    0    0 average        2     yes  other 7.9
6  17    0   0    0    0    0    poor        5     yes  other 6.6
```

*2) http://www.jstatsoft.org/article/view/v027i08

```
  black gender married school faminc employed privins medicaid
1   yes   male     yes      6 2.8810      yes     yes       no
2    no female     yes     10 2.7478       no     yes       no
3   yes female      no     10 0.6532       no      no      yes
4    no   male     yes      3 0.6588       no     yes       no
5    no female     yes      6 0.6588       no     yes       no
6    no female      no      7 0.3301       no      no      yes
```

ここで病院を訪れる回数 ofp がどのように他の変数の影響を受けるかの考察を行う．共変量として，健康状態の指標の 1 つである入院回数 (hosp)，自己評価による健康状態 (health)，持病の数 (numchron)，居住地域 (region)，年齢 (age)，人種 (black)，性別 (gender)，結婚の有無 (married)，受けた教育年数 (school)，私的医療制度の加入の有無 (privins)，の 10 個の変数を選ぶことにする．

```
> hospital.data <- DebTrivedi[, c(1, 6:8,10,11,12,13,14,15,18)]
> head(hospital.data)
  ofp hosp  health numchron region age black gender married
1   5    1 average        2  other 6.9   yes   male     yes
2   1    0 average        2  other 7.4    no female     yes
3  13    3    poor        4  other 6.6   yes female      no
4  16    1    poor        2  other 7.6    no   male     yes
5   3    0 average        2  other 7.9    no female     yes
6  17    0    poor        5  other 6.6    no female      no
  school privins
1      6     yes
2     10     yes
3     10      no
4      3     yes
5      6     yes
6      7      no
```

次にこのデータの要約量を示そう．この要約値から病院への訪問数の平均は 5.77 であり，大きなばらつきをもっていて，過分散の可能性が示唆される．このデータに含まれる女性の人数はやや多く約 6 割を占めている．8 割弱の人が健康状態が普通であり，黒人はわずか 1 割程度である．また 8 割弱の人が私的保険制度に加入している.

```
> summary(hospital.data)
      ofp              hosp              health
 Min.   : 0.000   Min.   :0.000   average  :3509
 1st Qu.: 1.000   1st Qu.:0.000   excellent: 343
 Median : 4.000   Median :0.000   poor     : 554
 Mean   : 5.774   Mean   :0.296
 3rd Qu.: 8.000   3rd Qu.:0.000
 Max.   :89.000   Max.   :8.000
    numchron          region          age            black
 Min.   :0.000   midwest:1157   Min.   : 6.600   no :3890
 1st Qu.:1.000   noreast: 837   1st Qu.: 6.900   yes: 516
 Median :1.000   other  :1614   Median : 7.300
 Mean   :1.542   west   : 798   Mean   : 7.402
 3rd Qu.:2.000                  3rd Qu.: 7.800
 Max.   :8.000                  Max.   :10.900
    gender       married         school        privins
 female:2628   no :2000   Min.   : 0.00   no : 985
 male  :1778   yes:2406   1st Qu.: 8.00   yes:3421
                          Median :11.00
                          Mean   :10.29
                          3rd Qu.:12.00
                          Max.   :18.00
```

次のプログラムにより健康状態別のヒストグラムと全体のヒストグラム (図 4.6) を示す. これらの図から健康状態の悪い人は病院訪問数が多くなる傾向が示唆される.

```
1 ggplot(hospital.data, aes(ofp, fill = health)) +
2   geom_histogram(binwidth=1) +
3   facet_grid(health ~ ., margins=TRUE, scales="free")+
4   xlab("Number␣of␣Doctor␣Visits") +ylab("Number␣People")
```

4.9.2 ポアソン対数線形モデル

さて, 病院訪問数を従属変数として, その他の変数を説明変数としてポアソン対数線形モデルを適用してみよう.

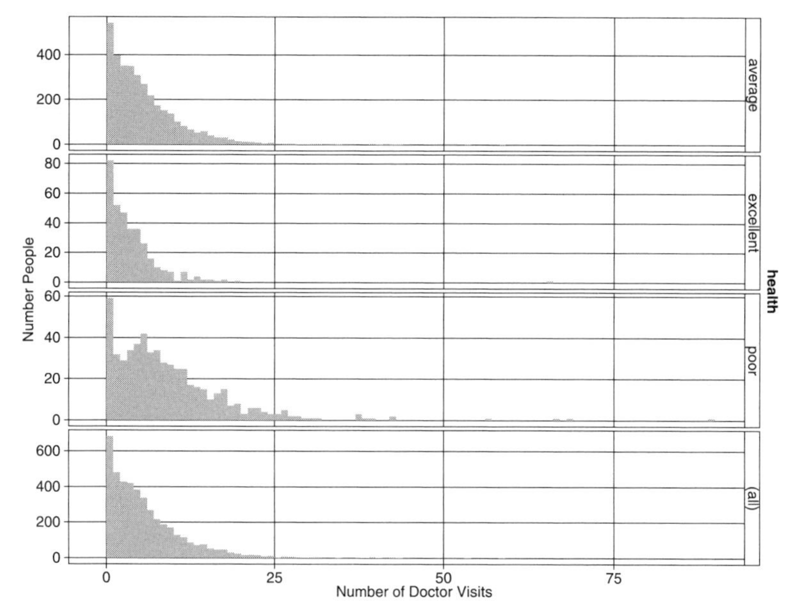

図 **4.6**　健康状態別の病院訪問数のヒストグラム

```
> fit1.psn <- glm(ofp ~ ., data=hospital.data, family="poisson")
> summary(fit1.psn)

Call:
glm(formula = ofp ~ ., family = "poisson", data = hospital.data)

Deviance Residuals:
    Min       1Q   Median       3Q      Max
-7.9933  -1.9759  -0.6770   0.7419  15.8560

Coefficients:
                 Estimate Std. Error z value Pr(>|z|)
(Intercept)      1.386699   0.085062  16.302  < 2e-16 ***
hosp             0.166704   0.006012  27.727  < 2e-16 ***
healthexcellent -0.372872   0.030349 -12.286  < 2e-16 ***
healthpoor       0.256744   0.017917  14.329  < 2e-16 ***
numchron         0.146926   0.004595  31.973  < 2e-16 ***
regionnoreast    0.136199   0.018925   7.197 6.17e-13 ***
regionother      0.024788   0.016741   1.481   0.1387
regionwest       0.161328   0.019076   8.457  < 2e-16 ***
age             -0.049927   0.010439  -4.782 1.73e-06 ***
```

```
blackyes        -0.045370   0.022361  -2.029   0.0425 *
gendermale      -0.094170   0.014110  -6.674 2.49e-11 ***
marriedyes      -0.057436   0.014432  -3.980 6.90e-05 ***
school           0.022961   0.001898  12.098  < 2e-16 ***
privinsyes       0.208816   0.017620  11.851  < 2e-16 ***
---
Signif. codes:  0 '***' 0.001 '**' 0.01 '*' 0.05 '.' 0.1 ' ' 1

(Dispersion parameter for poisson family taken to be 1)

    Null deviance: 26943  on 4405  degrees of freedom
Residual deviance: 23023  on 4392  degrees of freedom
AIC: 35826

Number of Fisher Scoring iterations: 5
```

上の出力からほとんど全ての変数が高度に有意であることがわかる．健康状態の悪い人 (healthpoor) は普通の人に比べて病院への平均訪問数が約 $\exp 0.256744 \approx 1.3$ 回多く，また私的医療保険に加入している人 (privinsyes) はそうでない人に比べて約 $\exp 0.208816 \approx 1.2$ 回多い．一方，健康状態の良い人 (healthexcellent) は，対応する回帰係数がマイナスであり，健康状態が普通の人に比べて病院への平均訪問数が約 $\exp 0.372872 \approx 1.5$ 回少ない．しかし，残差逸脱度が大きく自由度を超えており，このモデルの当てはめが良くないことが懸念される．step() 関数と bestglm パッケージの bestglm() 関数で最適モデルを探索すると，全ての変数を含むモデルが最適モデルとして選ばれる．bestglm() 関数の実行結果を示す．

```
> library(bestglm)
> bestglm.dat <- (cbind(hospital.data[,2:11],ofp=hospital.data[,1]))
> bestglm(bestglm.dat, family=poisson(link="log"), IC="AIC")
Morgan-Tatar search since family is non-gaussian.
Note: factors present with more than 2 levels.
AIC
Best Model:
              Df Sum Sq Mean Sq F value   Pr(>F)
hosp           1  11668   11668 292.546  < 2e-16 ***
health         2   4372    2186  54.807  < 2e-16 ***
```

```
numchron       1   6011    6011 150.708  < 2e-16 ***
region         3    827     276   6.910 0.000122 ***
age            1    301     301   7.548 0.006034 **
black          1    379     379   9.496 0.002072 **
gender         1    421     421  10.553 0.001169 **
married        1     10      10   0.246 0.620268
school         1   1298    1298  32.537 1.25e-08 ***
privins        1    786     786  19.716 9.20e-06 ***
Residuals   4392 175179      40
---
Signif. codes:  0 '***' 0.001 '**' 0.01 '*' 0.05 '.' 0.1 ' ' 1
```

4.9.3　負の 2 項分布モデル

過分散が存在する可能性が大きいことから，ここで負の 2 項分布を用いて対数線形モデルを適用してみよう．

```
> require(MASS)
> fit_nb <- glm.nb(ofp ~ ., data = hospital.data)
> summary(fit_nb)

Call:
glm.nb(formula = ofp ~ ., data = hospital.data, init.theta = 1.215664666,
    link = log)

Deviance Residuals:
    Min       1Q   Median       3Q      Max
-3.0179  -0.9922  -0.2977   0.3089   5.4665

Coefficients:
                  Estimate Std. Error z value Pr(>|z|)
(Intercept)       1.166848   0.204809   5.697 1.22e-08 ***
hosp              0.217734   0.020143  10.810  < 2e-16 ***
healthexcellent  -0.351962   0.060905  -5.779 7.52e-09 ***
healthpoor        0.307187   0.048539   6.329 2.47e-10 ***
numchron          0.176263   0.012090  14.579  < 2e-16 ***
regionnoreast     0.132152   0.045879   2.880 0.003971 **
regionother       0.015448   0.039847   0.388 0.698249
regionwest        0.160159   0.046787   3.423 0.000619 ***
age              -0.033749   0.025210  -1.339 0.180670
blackyes         -0.042216   0.051899  -0.813 0.415974
```

```
gendermale      -0.105583   0.033840  -3.120 0.001808 **
marriedyes      -0.054585   0.035046  -1.558 0.119343
school           0.023890   0.004522   5.283 1.27e-07 ***
privinsyes       0.230322   0.041241   5.585 2.34e-08 ***
---
Signif. codes:  0 '***' 0.001 '**' 0.01 '*' 0.05 '.' 0.1 ' ' 1

(Dispersion parameter for Negative Binomial(1.2157) family taken to be 1)

    Null deviance: 5772.6  on 4405  degrees of freedom
Residual deviance: 5045.4  on 4392  degrees of freedom
AIC: 24347

Number of Fisher Scoring iterations: 1


              Theta:  1.2157
          Std. Err.:  0.0339

 2 x log-likelihood:  -24317.4340
```

この場合の残差逸脱度 5045.4 は自由度 4392 にかなり接近していることから，モデルの当てはめが良いことが示唆される．この場合の回帰係数とポアソンモデルに対応する係数を比較すると，健康状態の悪い人や私的医療保険に加入している人の病院訪問数の推定値が少し増え，逆に健康状態の良い人に対応する係数の絶対値が減少し，病院への訪問数の平均の推定値も少し増えることになる．

最後に負の 2 項分布に基づく最適対数線形モデルの step() 関数による探索結果を示してこの節を締めくくる．得られた結果の吟味は興味ある読者に任せる．

```
> step(fit_nb)
Start:  AIC=24345.43
ofp ~ hosp + health + numchron + region + age + black + gender +
    married + school + privins

          Df Deviance   AIC
- black    1   5046.1 24344
- age      1   5047.1 24345
<none>         5045.4 24345
```

```
- married   1    5047.8 24346
- gender    1    5054.7 24353
- region    3    5064.6 24359
- school    1    5073.8 24372
- privins   1    5074.9 24373
- health    2    5123.9 24420
- hosp      1    5160.7 24459
- numchron  1    5257.4 24556

Step:  AIC=24344.09
ofp ~ hosp + health + numchron + region + age + gender + married +
    school + privins

           Df Deviance   AIC
- age       1    5047.0 24344
<none>           5045.3 24344
- married   1    5047.5 24344
- gender    1    5054.7 24352
- region    3    5065.1 24358
- school    1    5075.3 24372
- privins   1    5079.1 24376
- health    2    5123.6 24418
- hosp      1    5160.6 24457
- numchron  1    5258.8 24556

Step:  AIC=24343.75
ofp ~ hosp + health + numchron + region + gender + married +
    school + privins

           Df Deviance   AIC
- married   1    5046.5 24343
<none>           5045.0 24344
- gender    1    5054.9 24352
- region    3    5064.5 24357
- school    1    5076.7 24373
- privins   1    5078.6 24375
- health    2    5122.8 24418
- hosp      1    5159.4 24456
- numchron  1    5256.9 24554

Step:  AIC=24343.23
ofp ~ hosp + health + numchron + region + gender + school + privins
```

```
           Df Deviance   AIC
<none>           5045.0 24343
- region    3   5065.0 24357
- gender    1   5061.3 24358
- school    1   5075.7 24372
- privins   1   5077.4 24374
- health    2   5122.6 24417
- hosp      1   5159.6 24456
- numchron  1   5257.1 24553

Call:  glm.nb(formula = ofp ~ hosp + health + numchron + region + gender +
    school + privins, data = hospital.data, init.theta = 1.214121802,
    link = log)

Coefficients:
    (Intercept)               hosp  healthexcellent
        0.88576            0.21694         -0.34666
     healthpoor           numchron    regionnoreast
        0.30743            0.17582          0.13373
    regionother         regionwest       gendermale
        0.01199            0.15979         -0.12620
         school         privinsyes
        0.02447            0.23139

Degrees of Freedom: 4405 Total (i.e. Null);  4395 Residual
Null Deviance:      5768
Residual Deviance: 5045  AIC: 24350
```

4.10 ゼロ過剰ポアソンモデル

4.10.1 ゼロ過剰ポアソンモデルとは

交差点における自動車事故の数，普通の高校における生徒の欠席日数，キャンプに来る客が釣った魚の数など，計数データに 0 の値が多く含まれることがしばしばある．このようなデータに対して，0 が多いことを適切に考慮して解析を行う必要がある．南・Lennert-Cody (2013) は 0 が多いことを適切に考慮しない場合，魚などの資源の急激な減少といった誤った結論を導く危険性があるとを指摘している．0 が多い計数データに対して，ゼロ過剰 (zero-inflated) ポ

アソンモデル (ZIP; Lambert, 1992) や，ゼロ過剰負の 2 項分布モデル (ZINB; Greene, 1994) などが考えられる．

ZINB の考えは ZIP に類似しているので，ここでは ZIP に基づく回帰モデルの考え方を簡潔に説明する．Y が非負の整数値をとる確率変数とする．Y の確率関数が次で与えられるとき，Y はゼロ過剰ポアソン (ZIP) 分布に従うという．

$$P(Y=0\,|\,\boldsymbol{x},\boldsymbol{z}) = \pi + (1-\pi)e^{-\lambda} \tag{4.18}$$

$$P(Y=y\,|\,\boldsymbol{x},\boldsymbol{z}) = (1-\pi)\frac{\lambda^y e^{-\lambda}}{y!}, \quad y=1,2,\ldots \tag{4.19}$$

ただし，$\boldsymbol{x}$, $\boldsymbol{z}$ は共変量である．W がパラメータ λ のポアソン分布に従うとき，$P(W=0)=e^{-\lambda}$ である．ZIP 分布は 2 つのルートを通して 0 をとる確率をコントロールしている．1 つはポアソン分布 W で，もう 1 つは ‘超過’ 確率 π である．λ の値が大きいときに $e^{-\lambda}$ の値は小さく，π の値を調整することで全体の 0 をとる確率を大きくすることができる．$\pi>0$ であれば，Y の期待値は $\mu=(1-\pi)\lambda$ となり，分散が $V=\lambda(1-\pi)(1+\lambda\pi)>\mu$ なので，ZIP 分布は過分散モデルとなることがわかる．ZIP 分布に基づく回帰モデルを用いる場合，2 つの部分モデルに分解して考えるのが一般的である．このときの連結関数は次のようにして

$$\log\lambda_i = \boldsymbol{x}_i{}'\boldsymbol{\beta}, \quad \mathrm{logit}(\pi_i) = \boldsymbol{z}_i{}'\boldsymbol{\gamma}, \quad i=1,\ldots,n \tag{4.20}$$

それぞれの部分モデルに対して対数関数とロジット関数を用いるのが一般的である．

4.10.2 数値例

パッケージ VGAM の rzipois() 関数を用いて ZIP 分布から擬似乱数を発生させることができる．rzipois() の 1 番目の引数は標本の大きさ，2 番目の引数は ZIP 分布の期待値 $(1-\pi)\lambda$，3 番目の引数は超過確率 π である．

```
1 # ZIP 分布に基づく数値例
2 require(VGAM) # rzipois() 関数を使用するため
3 n <- 120 # 標本の大きさ
4 set.seed(218)
5 group <- c(rep("1", n), rep("2", n))
6 # 2 つの ZIP 分布から標本を抽出
```

```
7 # ZIP 分布からの擬似乱数を生成させる
8 y <- c(rzipois(n, 15, 0.2), rzipois(n, 10, 0.1))
9 sim.zip <- data.frame(group = group, y = y)
```

上のプログラムで 2 つの ZIP 分布からそれぞれ 120 個の標本を抽出している．1 つ目の ZIP 分布の平均は 15 で，0 をとる超過確率は 0.2 である．2 つ目の ZIP 分布の平均は 10 で，0 をとる超過確率は 0.1 である．次に 2 群のデータのヒストグラムを示す．得られた図 4.7 と図 4.8 からわかるように 2 群のデータとも 0 の頻度が非常に高い．

```
1 # ZIP 分布からのデータのヒストグラム
2 require(ggplot2)
3 ggplot(sim.zip, aes(sim.zip[1:n, 2]))+geom_histogram()+xlab("Group␣1")
4 ggplot(sim.zip, aes(sim.zip[n+1:(2*n), 2]))+geom_histogram()
      +xlab("Group␣2")
```

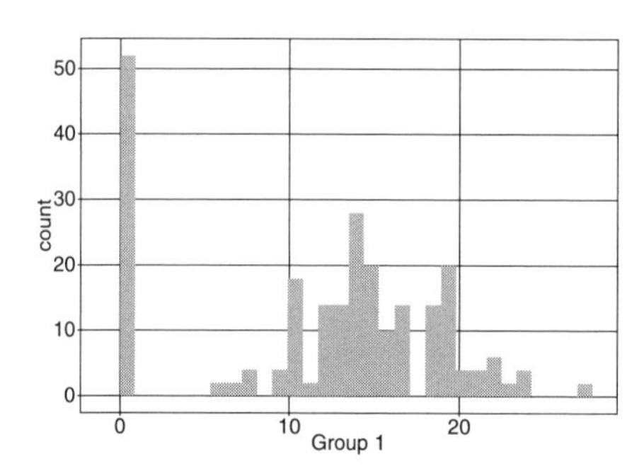

図 4.7 平均 15，超過確率 0.2 の ZIP 分布からの 120 個の標本に基づくヒストグラム

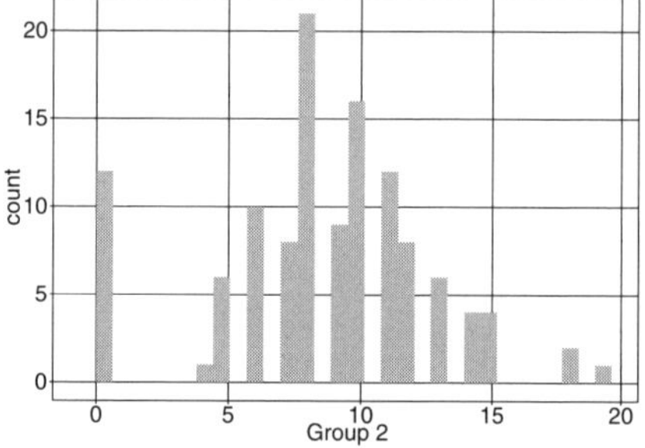

図 4.8 平均 10，超過確率 0.1 の ZIP 分布からの 120 個の標本に基づくヒストグラム

通常のポアソンモデルを当てはめ，逸脱度に基づく χ^2 検定によるモデルの適合度を次のようにして計算をすると，高度に有意な結果が得られ，モデルの仮定が適切でないことがわかる．

```
sim.psn <- glm(y ~group, data = sim.zip, family = poisson)
res.psn <- summary(sim.psn)
1 - pchisq(res.psn$deviance, res.psn$df.residual)
```

次のようにしてポアソンモデルから予測される平均値を確認しても，このモデルが不適切であることが確認できる．0 をとる超過確率を無視した場合，2 群の平均とも過小に推定されることが確認できる．

```
> g12 <- data.frame(group = c("1", "2"))
> cbind(g12,
+   Mean = predict(sim.psn, newdata= g12, type = "response"),
+   SE = predict(sim.psn, newdata = g12, type = "response",
+        se.fit = T)$se.fit)
  group      Mean        SE
1     1 11.916667 0.3151278
2     2  8.633333 0.2682246
```

次に過分散モデルの 1 つである負の 2 項分布モデルを適用して当てはめの改善を計る．

```
> sim.nb <- glm.nb(y ~group, data = sim.zip)
> res.nb <- summary(sim.nb)
> 1 - pchisq(res.nb$deviance, res.nb$df.residual)
[1] 0.0003583258
```

この場合の χ^2 検定統計量の p 値も非常に小さく，負の 2 項分布モデルによる当てはめも良くないことがわかる．次の出力からわかるように，負の 2 項分布モデルを用いた場合の平均の予測値はポアソン分布のそれと全く同じであるが，標準偏差推定量は 2 群ともかなり大きくなっている．

```
> cbind(g12,
+  Mean = predict(sim.nb, newdata = g12, type = "response"),
+  SE = predict(sim.nb, newdata = g12, type = "response",
+  se.fit = T)$se.fit)
  group      Mean        SE
1     1 11.916667 0.8413456
2     2  8.633333 0.6255834
```

さて，パッケージ `pscl` にある関数 `zeroinfl()` を用いて ZIP モデルを当てはめてみよう．ZIP モデルは対数線形モデルとロジットモデルの 2 つで構成されているため，それぞれのモデルを指定する必要がある．各モデルに含まれる共変量が同じであっても異なっていても構わない．次のモデルではグループ変数が両方の部分モデルに含まれている．

```
1 # install.packages("pscl", dependencies=TRUE)
2 require(pscl)
3 uneq.zip <- zeroinfl(y ~ group | group, data = sim.zip)
```

当てはめた結果は次に示す．

```
> summary(uneq.zip)

Call:
zeroinfl(formula = y ~ group | group, data = sim.zip)

Pearson residuals:
    Min       1Q  Median       3Q      Max
-2.0995 -0.4076  0.1514  0.6093  2.5210

Count model coefficients (poisson with log link):
            Estimate Std. Error z value Pr(>|z|)
(Intercept)  2.72213    0.02644   102.9   <2e-16 ***
group2      -0.46121    0.04081   -11.3   <2e-16 ***

Zero-inflation model coefficients (binomial with logit link):
            Estimate Std. Error z value Pr(>|z|)
(Intercept)  -1.2852     0.2216  -5.800 6.63e-09 ***
group2       -0.9127     0.3766  -2.424   0.0154 *
---
Signif. codes:  0 '***' 0.001 '**' 0.01 '*' 0.05 '.' 0.1 ' ' 1

Number of iterations in BFGS optimization: 9
Log-likelihood: -635.3 on 4 Df
```

この出力の前半は対数線形モデルにおける当てはめの結果で，後半はロジットモデルにおける当てはめの結果である．この場合，全ての係数が有意となっている．このモデルによる平均の予測値と超過確率の推定値を次のように確認できる．

```
> cbind(g12,
+  Mean = predict(uneq.zip, newdata = g12, type = "count"),
+  Zprob = predict(uneq.zip, newdata = g12, type = "zero"))
  group      Mean     Zprob
1     1 15.212762 0.2166664
2     2  9.591938 0.0999386
```

得られた平均と超過確率の推定値は2群の真の平均と超過確率のそれぞれの値に非常に近く，このモデルは非常に良い結果をもたらしていると言えよう．

2群における超過確率が等しいと仮定してZIP回帰モデルを当てはめることもできる．そのためにはロジットモデルにおける変数を定数とすればよい．この場合の平均の予測値は上述の超過確率が異なるモデルのそれらとほぼ同じであるが，超過確率の推定値は2群の超過確率の平均に近い値となっている．

```
> eqp.zip <- zeroinfl(y ~ group |1, data = sim.zip)
> cbind(g12,
+  Mean = predict(eqp.zip, newdata = g12, type = "count"),
+  Zprob = predict(eqp.zip, newdata = g12, type = "zero"))
  group      Mean    Zprob
1     1 15.212760 0.158315
2     2  9.592206 0.158315
```

0をとる超過確率が限りなく小さくなっていくとき，ZIPモデルはポアソンモデルに近づく．しかし超過確率が0でないとき，この2つのモデルは互いに包含関係にない．入れ子でないモデルに対して，モデルの優劣を比較するために，Vuong検定 (Vuong, 1989) を適用することができる．Vuong検定統計量は2つのモデルの予測確率に基づいて構成されている．$p_i = \widehat{P}(y_i|M_1)$ をモデル1の下での y_i の予測確率，$q_i = \widehat{P}(y_i|M_2)$ をモデル2の下での y_i の予測確率とすると，Vuong検定統計量は $V = \sqrt{n}\bar{m}/s_m$ と定義される．ただし，$m_i = \log(p_i) - \log(q_i)$，$\bar{m}$ は m_i の平均で，s_m は m_i の標本標準偏差である．V が正の大きい値であればモデル1が優れ，逆に V が負の大きい値であればモデル2が優れていると判断される．2つのモデルが同等であるという帰無仮説の下では，Vuong検定統計量 V は漸近的に正規分布に従うことが知られて

いる.

上述のシミュレーションデータに基づいて，まずZIPモデルとポアソンモデルを比較してみよう.

```
> vuong(uneq.zip, sim.psn)
Vuong Non-Nested Hypothesis Test-Statistic:
(test-statistic is asymptotically distributed N(0,1) under the
 null that the models are indistinguishible)
-------------------------------------------------------------
              Vuong z-statistic             H_A    p-value
Raw                    6.651658 model1 > model2 1.4491e-11
AIC-corrected          6.614355 model1 > model2 1.8659e-11
BIC-corrected          6.549437 model1 > model2 2.8877e-11
```

この場合のVuong検定統計量Vは大きな正の値をとり，ZIPモデルが通常のポアソンモデルより優れていることを主張している．同様にしてZIPモデルが負の2項分布モデルより優れていることも次のようにして確認できる.

```
> vuong(uneq.zip, sim.nb)
Vuong Non-Nested Hypothesis Test-Statistic:
(test-statistic is asymptotically distributed N(0,1) under the
 null that the models are indistinguishible)
-------------------------------------------------------------
              Vuong z-statistic             H_A    p-value
Raw                    12.60582 model1 > model2 < 2.22e-16
AIC-corrected          12.44779 model1 > model2 < 2.22e-16
BIC-corrected          12.17277 model1 > model2 < 2.22e-16
```

4.10.3 事例研究：キャンプ客の魚釣りデータ

この項ではアメリカのある国立公園に訪れた250組の観光客の魚釣りのデータ fish.csv[*3]を例に，ZIPモデルを用いて0を多く含む計数データの解析を概説する．キャンプ客の中で魚釣りをしていない客もいれば，全く釣れなかった客も多く，釣れた魚の数には多くの0が含まれている．まずデータの初めの数行を確認しよう.

[*3] http://www.ats.ucla.edu/stat/data/fish.csv

```
> # キャンプ客が釣った魚の数
> fish.data <- read.csv("http://www.ats.ucla.edu/stat/data/fish.csv")
> head(fish.data)
  nofish livebait camper persons child         xb         zg count
1      1        0      0       1     0 -0.8963146  3.0504048     0
2      0        1      1       1     0 -0.5583450  1.7461489     0
3      0        1      0       1     0 -0.4017310  0.2799389     0
4      0        1      1       2     1 -0.9562981 -0.6015257     0
5      0        1      0       1     0  0.4368910  0.5277091     1
6      0        1      1       4     2  1.3944855 -0.7075348     0
```

fish.data にはそれぞれのグループが釣った魚の数 (count)，キャンプに連れてきた子供の人数 (child)，グループの総人数 (persons)，キャンピングカーで来たかどうか (camper) などの情報が含まれている．客の中には 149 匹の魚を釣ったグループもいたが，多くのグループにおける魚の数は 0 である．ここでは釣れた魚の数の予測の問題も，魚が釣れない確率の予測の問題も生態学者の関心事である．

まず，child, camper を説明変数として，次のように通常のポアソンモデルを当てはめ，客が釣った魚の数の予測値の平均を求めてみると，1 グループで約 3.3 匹という結果となる．

```
> # ポアソンモデルによる予測値の平均
> fish.psn <- glm(count ~ child + camper, data = fish.data,
    family = poisson)
> pred.psn <- predict(fish.psn, type = "response")
> mean(pred.psn)
[1] 3.296
```

しかし，この場合の χ^2 検定統計量が高度に有意であることを次のように確認できるため，ポアソンモデルが妥当でないことがわかる．

```
> 1 - pchisq(fish.psn$deviance, fish.psn$df.residual)
[1] 0
```

次に ZIP モデルを適用する．2 つの部分モデルを指定する必要があるが，ここで対数線形モデルの説明変数として child と camper を用いる．一方，ロジットモデルの説明変数としてグループの人数である persons を用いる．

```
1  # ゼロ過剰ポアソンモデルを魚釣りデータへ適用
2  # install.packages("pscl", dependencies = T)
3  require(pscl)
4  fish.zip <- zeroinfl(count ~ child + camper | persons, data = fish.data)
```

次の得られた結果を確認してみると，全ての変数が有意であることがわかる．

```
> summary(fish.zip)

Call:
zeroinfl(formula = count ~ child + camper | persons, data = fish.data)

Pearson residuals:
    Min      1Q  Median      3Q     Max
-1.2369 -0.7540 -0.6080 -0.1921 24.0847

Count model coefficients (poisson with log link):
            Estimate Std. Error z value Pr(>|z|)
(Intercept)  1.59789    0.08554  18.680   <2e-16 ***
child       -1.04284    0.09999 -10.430   <2e-16 ***
camper1      0.83402    0.09363   8.908   <2e-16 ***

Zero-inflation model coefficients (binomial with logit link):
            Estimate Std. Error z value Pr(>|z|)
(Intercept)   1.2974     0.3739   3.470 0.000520 ***
persons      -0.5643     0.1630  -3.463 0.000534 ***
---
Signif. codes:  0 '***' 0.001 '**' 0.01 '*' 0.05 '.' 0.1 ' ' 1

Number of iterations in BFGS optimization: 12
Log-likelihood: -1032 on 5 Df
```

次のようにして ZIP モデルによる平均の予測値が求められる．この場合の 1 グループあたりの魚の数は約 5.7 匹となり，通常のポアソンモデルでの予測値 3.3 匹に対してかなり上方修正している．

```
> pred.zip <- predict(fish.zip, type = "count")
> mean(pred.zip)
[1] 5.726
```

最後に Vuong 検定を行い，ZIP モデルがポアソンモデルより優れていることも確認しよう．

```
> # ポアソンモデルと ZIP モデルとの比較
> vuong(fish.zip, fish.psn)
Vuong Non-Nested Hypothesis Test-Statistic:
(test-statistic is asymptotically distributed N(0,1) under the
 null that the models are indistinguishible)
-------------------------------------------------------------
              Vuong z-statistic             H_A    p-value
Raw                    3.574254 model1 > model2 0.00017561
AIC-corrected          3.552392 model1 > model2 0.00019087
BIC-corrected          3.513900 model1 > model2 0.00022079
```

Chapter 5

ベイズ流一般化線形モデル

これまでは頻度論の立場から一般化線形モデルについて論じてきた．頻度論の立場では，データをある確率分布からの実現値と見なし，未知のパラメータは母数空間の固定した点と見なす．パラメータについての点推定や信頼区間，また仮説検定における種々の確率的評価はデータの分布に基づいて行われる．一方，ベイズ推論ではデータの不確実性と同様に，パラメータについての知識の欠如も分布で記述する．ベイズ推論における確率の評価は，データの分布とパラメータの分布の両方に基づいて行われる．ベイズ流一般化線形モデルも他のベイズモデルと同様に，データが得られた後のパラメータの事後分布を評価し，さまざまな推論を行う．この章ではベイズ推測の考え方を初学者向けにできるだけ丁寧に解説し，R を用いた実際のデータ解析例を取り入れながら，ベイズ流線形モデルを中心に一般化線形モデルのベイズ的拡張について解説を行う．

5.1　ベイズ推論の基本的考え方

この節ではまずベイズ流統計推測の一般的考え方について述べる．簡単のために θ を 1 次元のパラメータとし，θ を与えたときのデータ y の確率 (密度) 関数を $f(y|\theta)$ とする．ここで θ を確率変数と見なしていることから，$f(y|\theta)$ は θ の値を与えたときの y の条件付き密度関数である．

事前分布 (prior distribution)　モデル $f(y|\theta)$ における θ に関する不確実性を確率 (密度) 関数 $h(\theta)$ で表す．$h(\theta)$ を θ の事前分布という．ベイズ推論において事前分布の選択は最も重要な点の 1 つである．事前分布は新たな試行を行う前にこれまでに累積された経験に基づくものや，専門家の個人的経験に基づく主観的なものなど，その考え方はさまざまである．中でもパラメータ空間

における一様分布となるように，なるべく主観を排除して解析の結果に大きな影響を与えない，相対的に情報の少ない事前分布を採用する手法が最も一般的である．事前分布があるパラメトリック分布族に含まれるとき，$h(\theta)$ は $h(\theta|\lambda)$ と書くことができ，λ は超母数あるいはハイパーパラメータ (hyperparameter) と呼ばれる．

事後分布 (posterior distribution)　パラメータ θ に関する情報は事前分布 $h(\theta)$ とデータ y の両方で決まる．この 2 つの情報に対してベイズの定理を用いて，事後分布

$$h(\theta \mid y) = \frac{f(y \mid \theta)h(\theta)}{f(y)} = \frac{f(y \mid \theta)h(\theta)}{\int_\Theta f(y \mid \theta)h(\theta)\, d\theta} \tag{5.1}$$

を生成する．データ y を観測し，$f(y \mid \theta)$ を θ の関数と見るとき，

$$\ell(\theta) = f(y \mid \theta)$$

は尤度関数と呼ばれる．一方，(5.1) 式の分母にある $f(y)$ は，θ の影響を排除した y の周辺分布を表している．θ が推論の焦点なので $f(y)$ は θ に無関係の定数で，$h(\theta \mid y)$ が確率分布となるための規格化定数 (normalization constant) と呼ばれる．事後分布は事前分布 $h(\theta)$ と尤度 $f(y \mid \theta)$ のみで決定される．ベイズの定理の本質は (5.1) 式の分子であり，事後分布は

$$h(\theta \mid y) \propto f(y \mid \theta)h(\theta) = \ell(\theta)h(\theta) \tag{5.2}$$

と要約することもできよう．ベイズ推論では尤度関数を通してデータが推論に影響を与えている．

予測分布 (predictive distribution)　将来の観測値 y^* も確率変数と捉え，データ y が得られた後の y^* の確率分布を推定するという点で，頻度論の考え方とベイズ流の考え方は異なる．頻度論の立場では，母数 θ の推定量である $\widehat{\theta}$ をデータから構築し，y^* の分布を $f(y^* \mid \widehat{\theta})$ で推定する．一方，ベイズ流の考えでは，y が得られた後の θ の情報は事後分布 $h(\theta \mid y)$ に集約されると考えるため，y^* の分布を予測分布

$$f(y^*|y) = \int f(y^*|y, \theta)h(\theta|y)\, d\theta \tag{5.3}$$

で推定する．y^* の予測分布 $f(y^* \mid y)$ は，データとパラメータを与えたときの

y^* の条件付き分布 $f(y^*|y,\theta)$ のパラメータの事後分布 $h(\theta|y)$ に関する重み付き平均である．

パラメータの不確実性を事前分布で規定することを前提とするベイズ推論ではとりわけ事前分布の吟味が重要である．以下では，事前分布の構築に関する代表的な考え方を紹介する．

主観的事前分布 (subjective prior distribution) と**客観的事前分布** (objective prior distribution)　主観的事前分布は専門家がパラメータに対する主観的信念の程度を分布の形で表すものである．専門家の意見は積極的に取り入れるべきであるが，過度に狭い事前分布の設定は，事後分布の形成に対して大きな影響を与える恐れがある．一般化線形モデルはさまざまなモデルを含み，パラメータの事前分布の想定は必ずしも容易ではない．主観的事前分布に対して，比較的情報の少ない客観的事前分布を想定し，なるべく事後分布の形成に大きな影響を与えないようにすることがしばしば推奨される．客観的事前分布を採用すれば，事後分布は特にデータ数が多いときに尤度を通して主にデータに支配される．

主観的事前分布は尤度関数に比べて通常より平らな形をしている．パラメータを適切に選べば，パラメータ空間での一様分布を採用することができる．例えば，2 項分布の '成功' 確率 θ を区間 $(0,1)$ における一様分布と設定することができる．一方，$\xi = \mathrm{logit}(\theta)$ と変換して考えるのが便利なことが多い．このとき，ξ は $(-\infty,\infty)$ の範囲で変動し，

$$\xi \propto c, \quad c \text{ は定数}$$

とすると，ξ の密度関数 $h(\xi)$ は $(-\infty,\infty)$ の範囲で

$$\int_{-\infty}^{\infty} h(\xi)\,d\xi = \infty$$

となる．このような分布を非正則事前分布 (improper prior distribution) という．事前分布が非正則なとき，事後分布も非正則になることがある．事前分布の非正則性を回避するための方法の 1 つとして，拡散事前分布 (diffuse prior distribution) が広く用いられている．拡散事前分布の考えはパラメータ空間のある大きな領域にわたってパラメータの分布を設定するというものである．非

常に大きな分散をもつ正規分布が代表的な例である．正規分布の分散を無限に大きくしていけば非正則な事前分布が得られる．拡散事前分布を採用するとき，言うまでもなく拡散の度合いを決定するハイパーパラメータの選択が重要な課題である．拡散度の決定法の1つとして，事前分布の事後分布に対する影響を1つの観測値の影響と同程度にするという考え方がある (Kass and Wasserman, 1995).

共役事前分布 (conjugate prior distribution)　事後分布に基づいて種々の推論を行うため，ベイズ推論では事後分布の計算が本質的に重要である．尤度関数に対して，事前分布をうまく選べば，事後分布も事前分布と同じ分布族に入ることができ，解析的に便利なことが多い．このような事前分布は共役事前分布と呼ばれる．よく知られている例として，正規分布の平均の共役事前分布は正規分布，ポアソン分布の平均の共役事前分布はガンマ分布，2項分布のパラメータの共役事前分布はベータ分布である．より複雑なモデルにおける共役事前分布の設定は一般に困難である．

ジェフリーズの事前分布 (Jeffreys prior distribution)　フィッシャー情報量は頻度論の立場からパラメータの推論において非常に重要な役割を果たしている．例えば，クラメール・ラオの不等式 (情報不等式とも呼ぶ) によれば，不偏推定量の分散の下限はフィッシャー情報量の逆数となる．この不等式からフィッシャー情報量が大きければ，推定の精度を高める可能性が示唆される．多次元の場合のフィッシャー情報量はフィッシャー情報行列に拡張される．ジェフリーズの事前分布はフィッシャー情報行列の行列式の平方根に比例する分布である．フィッシャー情報行列の性質から，ジェフリーズの事前分布はパラメータの変換に対して不変性をもつ．すなわち，ジェフリーズの事前分布を1つ決めた場合，パラメータが変換された他の母数のジェフリーズの事前分布も同値な分布として導かれる．例えば，2項分布モデルに対して，ジェフリーズの事前分布を採用する場合，2項分布のパラメータを考えても，そのロジット変換を考えても，得られる結論は同じである．パラメータが1次元の場合，ジェフリーズの事前分布の採用は非常に自然なことであるが，パラメータの次元が高いとき，このような事前分布の決定が煩雑になることが多い．したがって，多くのパラメータを含む複雑なモデルにおいて，ジェフリーズの事前分布は必ずしも魅力的とは言えない面がある．

階層的事前分布 (hierarchical prior distribution)　まずパラメータ θ の事前分布 $h(\theta|\lambda)$ をある分布族に入るように定め，次に超母数 λ を定数とせず，その不確実性もある分布 $g(\lambda)$ により規定する．最後に，λ の分布に対しての平均

$$h(\theta) = \int h(\theta|\lambda)g(\lambda)\,d\lambda$$

を計算し，周辺分布 $h(\theta)$ を θ の事前分布と決める．このような事前分布を階層的事前分布という．θ の事前分布の客観性を担保するため，λ の分布として拡散事前分布を採用すればよい．

しかし，どんなに工夫して精巧に考案された統計モデルであっても複雑な現実問題に対する近似でしかない．ベイズ推論も例外ではない．ベイズ推論においては，事前分布の選択に常に懐疑的な態度で臨むことが肝要である．推論の土台となる事後分布がどの程度事前分布の影響を受けるかを常にチェックする必要がある．ベイズの定理によれば，標本数 n が増大すれば，データはいずれ事前情報を圧倒する．したがって，特に標本数が大きいとは言えないとき，事前分布の選択に対する感度解析が必要不可欠である．R のようなソフトウェアを用いて，感度解析や回帰診断を手軽に行うことができる．

例 5.1　**2 項分布**　これまでに議論したことを 2 項分布の場合にあてはめてみよう．パラメータ θ をもつ独立なベルヌーイ試行の結果を $y_1, \ldots, y_n$ とし，$y = n^{-1}\sum_{i=1}^{n} y_i$ とする．このとき，ny は 2 項分布 $\mathrm{Bi}(n, \theta)$ に従う．このモデルに対して最も単純なベイズ解析では θ の共役事前分布であるベータ分布 $\mathrm{Beta}(\alpha, \beta)$ を採用する．$\mathrm{Beta}(\alpha, \beta)$ の密度関数は

$$h(\theta) = \frac{\Gamma(\alpha+\beta)}{\Gamma(\alpha)\Gamma(\beta)}\theta^{\alpha-1}(1-\theta)^{\beta-1}$$

である．ここで $\alpha > 0$, $\beta > 0$ は超母数であり，α, β を変化させることにより，事前分布 $h(\theta)$ は区間 $(0, 1)$ 上でさまざまな形をとる．2 項分布のフィッシャー情報量は $n/\{\theta(1-\theta)\}$ なので，この場合のジェフリーズの事前分布は $\mathrm{Beta}(0.5, 0.5)$ と一致する．

ベイズの定理を適用して事前分布 $\mathrm{Beta}(\alpha, \beta)$ と 2 項分布の尤度関数に基づいて，事後分布 $h(\theta|y)$ を次のように計算できる．

$$\begin{aligned} h(\theta|y) &\propto f(y|\theta)h(\theta) \\ &\propto \theta^{ny}(1-\theta)^{n-ny}\theta^{\alpha-1}(1-\theta)^{\beta-1} \\ &= \theta^{ny+\alpha-1}(1-\theta)^{n-ny+\beta-1}, \quad 0<\theta<1 \end{aligned}$$

上の計算では θ と無関係の定数が省略されている．事後平均 $h(\theta|y)$ はベータ分布 $\mathrm{Beta}(ny+\alpha, n-ny+\beta)$ となることがわかる．事後分布の平均はベータ分布の平均

$$\frac{ny+\alpha}{n+\alpha+\beta} = \frac{n}{n+\alpha+\beta}y + \frac{\alpha+\beta}{n+\alpha+\beta}\frac{\alpha}{\alpha+\beta}$$

となる．事後平均は標本 $y_1, \ldots, y_n$ の平均 y と事前分布の平均 $\alpha/(\alpha+\beta)$ の重み付き平均である．事後平均 $(ny+\alpha)/(n+\alpha+\beta)$ の分子は '成功' 数を，分母は '有効' 標本数 (effective sample size) を表していると見るとき，α と β はそれぞれ事前分布における '成功数' と '失敗数' を表し，$\alpha+\beta$ は事前分布がもつ有効標本数を表している．ジェフリーズの事前分布の場合，$\alpha=\beta=0.5$ なので，事前有効標本数は $\alpha+\beta=1$ であり，ジェフリーズの事前分布がベイズ推論に与える影響は 1 つの標本程度にとどまっている．また $n\to\infty$ のとき，

$$\frac{ny+\alpha}{n+\alpha+\beta} = \frac{y+\alpha/n}{1+(\alpha+\beta)/n} \to y$$

となり，事後平均は標本平均に近づく．

次に将来の観測値 y^* の予測分布について考えよう．y^* はベルヌーイ変数で，θ を与えたときに y^* は観測値 y と独立であり，

$$P(y^*=1|y,\theta) = P(y^*=1|\theta) = \theta$$

となる．したがって $y^*=1$ の予測確率は

$$\begin{aligned} P(y^*=1|y) &= \int_0^1 P(y^*=1|y,\theta)h(\theta|y)\,d\theta \\ &= \int_0^1 \theta h(\theta|y)\,d\theta \\ &= \frac{ny+\alpha}{n+\alpha+\beta} \end{aligned}$$

となる．これは θ の事後平均である．

5.2 マルコフ連鎖モンテカルロ法

ベイズ流一般化線形モデルの場合，事後分布を陽に求めることが一般的に困難である．その原因は事後分布の規格化定数である周辺分

$$f(y) = \int f(y|\theta)h(\theta)\,d\theta$$

の計算が，特に θ が高次元のとき，一般に困難であるからである．1990 年に Gelfand and Smith (1990) が画期的な論文を発表し，マルコフ連鎖モンテカルロ法 (Markov chain Monte Carlo; MCMC) をベイズ推論に適用し，事後分布の決定を計算機を用いて行うことを提案した．MCMC 法の本質的な点は，θ に関するある確率過程 (stochastic process) がマルコフ連鎖の性質をもち，その極限である定常分布 (stationary distribution) が事後分布に収束することを利用する点である．事後分布から長いマルコフ連鎖を生成し，これらの値を用いて事後分布に関する種々の計算を行う．

歴史的に MCMC 法に関する早期の論文は Metropolis et al. (1953) に遡ることができるが，正当化された方法論として MCMC 法が統計学の本流の中で認められ始めたのは，計算機の能力が十分に高まる 1990 年代まで待たなければならなかった．Gelfand and Smith (1990) の研究に触発され，MCMC 法に関する研究はベイズ的考え方，統計計算，アルゴリズムの構築，また統計的問題の定式化自体まで，統計学のあらゆる側面に影響を与え続けている．Robert and Casella (2011) が MCMC 法の発展の歴史についての論文の中で，Gelfand and Smith (1990) の論文の歴史的なインパクトについて次のように評している．

> This development of Gibbs sampling, MCMC, and the resulting seminal paper of Gelfand and Smith (1990) was an *epiphany* in the world of Statistics.
>
> — Robert and Casella (2011, p.6)
>
> ---
>
> ギブスサンプリング法や MCMC 法が Gelfand and Smith

(1990) の画期的論文まで進化を遂げたことは，統計界におけるエピファニーと言えよう．

Gelfand and Smith の論文を統計界におけるエピファニー (epiphany) であると評している．エピファニーという言葉は，本来キリストの顕現の意を表し，文学作品の中で平凡な出来事の中に物事の本質が姿を表す瞬間を象徴的に描写するときに用いられる言葉である．Robert and Casella (2011) は上述の記述の直後に，*Statistical Science* という統計学の専門誌であるにも関わらず，わざわざ ‘epiphany’ という単語の定義を与えている．

DEFINITION (Epiphany n) A spiritual event in which the essence of a given object of manifestation appears to the subject, as in a sudden flash of recognition.

— Robert and Casella (2011, p.6)

エピファニーは物事の本質が自我に稲妻のごとく顕示される霊的現象である．

MCMC 法は一連の方法の総称であり，代表的なものとしてギブスサンプリング法 (Gibbs sampling) とメトロポリス・ヘイスティングス法 (Metropolis–Hastings) がある．この 2 つの方法の共通点は目標とする条件付き分布に比例する関数さえ与えれば，標本抽出が可能な点である．ベイズ推論の場合の目標分布はパラメータの事後分布であり，この分布を近似するために事前分布と尤度に関する知識があればよく，ベイズの定理の分母にある y の周辺分布に関する知識は不要である．

さて，メトロポリス・ヘイスティングス法とギブスサンプリング法の概要について解説しよう．メトロポリス・ヘイスティングス法のアルゴリズムは，現在の値 $\theta^{(t)}$ に基づいて，ある ‘提案分布’ (proposal density) からランダムに次の候補となる値 θ^* を生成する．提案分布が対称の場合，すなわち，$\theta^{(t)}$ を既知としたときの θ^* の分布と θ^* を既知としたときの $\theta^{(t)}$ の分布が同一のとき，このアルゴリズムは次の 2 つのステップで構成される非常に明快なものである．

メトロポリス・ヘイスティングス法

1) 新たに生成された値 θ^* と直前の値 $\theta^{(t)}$ に基づいて，事後分布における尤度比

$$q = \frac{h(\theta^*|y)}{h(\theta^{(t)}|y)}$$

を計算し，次のように採択確率を決める．

$$p = \begin{cases} q, & q \leq 1 \\ 1, & q > 1 \end{cases}$$

2) 採択確率 p を用いて，次のように $\theta^{(t+1)}$ の値を決める．

$$P\left(\theta^{(t+1)} = \theta^*\right) = 1 - P\left(\theta^{(t+1)} = \theta^{(t)}\right) = p$$

メトロポリス・ヘイスティングス法のステップ 1) における尤度比 q が大きければ，新たに生成された値 θ^* を採用する確率は上昇する．この尤度比を計算できるのは，$h(\theta|y)$ に含まれる未知の周辺分布 $h(y)$ が分子と分母で消去されるからである．メトロポリス・ヘイスティングス法を実行するため，θ^* を生成する提案分布の選択が重要である．提案分布を選ぶときに考慮すべき点は，まずこの分布からの擬似乱数の生成が比較的容易な点であり，また選択確率 p も大きいことが望ましい．さらに，$\theta^{(t)}$ の系列が低い自己相関 (autocorrelation) をもつことも重要である．

次にギブスサンプリング法について説明をしよう．ここで $\boldsymbol{\theta}' = (\theta_1, \ldots, \theta_p)'$ を p 次元のパラメータとする．y と θ_j 以外の成分を与えたときの θ_j の条件付き密度関数を

$$h(\theta_j|\theta_1, \ldots, \theta_{j-1}, \theta_{j+1}, \ldots, \theta_p, y)$$

のように全て $h(\cdot|\cdot)$ を用いて表すことにする．ギブスサンプリング法は，これらの条件付き分布が多くの場合非常に簡単な形をなしていることに着目している．特にこれらの条件付き分布の計算において，未知の規格化定数 $h(y)$ が θ_j の条件付き分布の分子と分母で消去される．パラメータの現在の値を，$\theta_1^{(t)}, \ldots, \theta_p^{(t)}$ とすると，ギブスサンプリング法では次の各分布

$$h(\theta_1^{(t+1)}|\theta_2^{(t)}, \theta_3^{(t)}, \ldots, \theta_{p-1}^{(t)}, \theta_p^{(t)}, y)$$
$$h(\theta_2^{(t+1)}|\theta_1^{(t+1)}, \theta_3^{(t)}, \ldots, \theta_{p-1}^{(t)}, \theta_p^{(t)}, y)$$
$$\vdots$$
$$h(\theta_{p-1}^{(t+1)}|\theta_1^{(t+1)}, \theta_2^{(t+1)}, \ldots, \theta_{p-2}^{(t+1)}, \theta_p^{(t)}, y)$$
$$h(\theta_p^{(t+1)}|\theta_1^{(t+1)}, \theta_2^{(t+1)}, \ldots, \theta_{p-2}^{(t+1)}, \theta_{p-1}^{(t+1)}, y)$$

から逐次的に $\theta_1^{(t+1)}, \ldots, \theta_p^{(t+1)}$ の値を生成する．このようにそれまでに新しく生成された θ の各成分を順次条件付き密度関数に代入し，次の成分を生成していく．t が大きければ，$(\theta_1^{(t)}, \ldots, \theta_p^{(t)})$ は $(\theta_1, \ldots, \theta_p)$ の同時分布を近似できる．各条件付き分布が提案分布と一致すれば，ギブスサンプリング法はメトロポリス・ヘイスティングス法に帰着することに注意する．

ギブスサンプリング法とメトロポリス・ヘイスティングス法は，ある種の条件の下で，定常分布に収束することが知られている．一方，マルコフ連鎖の性質から，生成される θ の値の系列が相関をもち，収束がときには非常に遅いことも知られている．R のパッケージ MCMCpack を使えば，非常に手軽に事後分布からマルコフ連鎖を生成できる．また，トレースプロットや事後相関プロットなどを用いて，視覚的に分布の収束性も診断できる．

5.3　de Finetti の定理と交換可能性

頻度論の枠組みでの統計推測において，確率変数 $y_1, \ldots, y_n$ の独立性の仮定を前提にしている場合が多い．確率変数 $y_1, \ldots, y_n$ が独立であることは，これらの変数の同時分布が各 y_i の周辺分布に分解できることを意味する．このことから，$(i_1, \ldots, i_n)$ を $(1, \ldots, n)$ の任意の順列としたとき，$y_{i_1}, \ldots, y_{i_n}$ の同時分布は $y_1, \ldots, y_n$ の同時分布と変わらないことがわかる．確率変数の列 $\{y_i\}_{i=1}^n$ の任意の並べ替えに対して同時分布が不変であるとき，$\{y_i\}_{i=1}^n$ は交換可能 (exchangeable) であるという．したがって，$y_1, \ldots, y_n$ が互いに独立であれば交換可能であることがわかる．その逆は一般に成り立たない．すなわち，交換可能な確率変数の列は一般に独立とは限らない．交換可能性は独立性に比べてより弱い条件である．ポリアの壺モデルが古典的反例である．交換可能性の概念と関連する de Finetti の定理は統計学におけるベイズ的アプローチの正当化を支える重要な理論的根拠である．

ポリアの壺モデルを例として交換可能性と独立性の関係を考察しよう．ポリアの壺モデルはコイントスのような単純な思考実験である．白玉 w 個，黒玉 b 個が入っている壺があり，その中から無作為に玉を 1 個抽出し，玉の色を観察して，同じ色の玉を a 個壺の中に入れる．いま壺の中には $a+w+b$ 個の玉があり，その中から 1 回目と同じように再度玉を 1 個抽出して，同じ色の玉をさらに a 個壺の中に追加する．このように無限に試行を繰り返す．i 回目に抽出された玉が白であれば $X_i=1$ とし，黒玉であれば $X_i=0$ とすると，例えば，

$$
\begin{aligned}
P((X_1,X_2)=(1,0)) &= P(X_2=0\,|\,X_1=1)P(X_1=1) \\
&= \frac{b}{a+b+w}\times\frac{w}{b+w}
\end{aligned}
$$

と計算できる．X_1 の周辺分布が

$$
P(X_1=1)=\frac{w}{b+w},\quad P(X_1=0)=\frac{b}{b+w}
$$

であることに注意すると，X_2 の周辺分布は

$$
\begin{aligned}
P(X_2=0) &= P(X_2=0|X_1=1)P(X_1=1)+P(X_2=0|X_1=0)P(X_1=0) \\
&= \frac{b}{a+b+w}\times\frac{w}{b+w}+\frac{a+b}{a+b+w}\times\frac{b}{b+w} \\
&= \frac{b}{b+w}
\end{aligned}
$$

と計算できる．したがって X_2 の周辺分布は X_1 の周辺分布と同じであることがわかる．上の計算により，

$$
P(X_1=1,X_2=0)\neq P(X_1=1)\times P(X_2=0)
$$

となることから，X_1 と X_2 は独立でないことがわかる．

ところで，任意の n に対して，この確率変数の列 $\{X_i\}_{i=1}^n$ は交換可能である．$n=4$ の場合について説明をしよう．X_i は 0 か 1 をとる変数なので，i, j, k, l を 0 か 1 をとる整数とし，(X_1,X_2,X_3,X_4) の同時確率関数を

$$
p_{ijkl}=P\left((X_1,X_2,X_3,X_4)=(i,j,k,l)\right)
$$

とする．$\{X_1, X_2, X_3, X_4\}$ の交換可能性を示すためには，$\{X_1, X_2, X_3, X_4\}$ の任意の順列，例えば，$\{X_3, X_4, X_2, X_1\}$ の同時分布と $\{X_1, X_2, X_3, X_4\}$ の同時分布が同じである，すなわち，

$$P\left((X_3, X_4, X_2, X_1) = (i, j, k, l)\right) = p_{ijkl} \tag{5.4}$$

を言えればよい．(5.4) 式の左辺が

$$P\left((X_1, X_2, X_3, X_4) = (l, k, i, j)\right) = p_{lkij}$$

と書けることに注意すると，結局 (i, j, k, l) の任意の並べ替え，例えば (l, k, i, j) に対して，

$$p_{ijkl} = p_{lkij} \tag{5.5}$$

を示せばよい．

(5.5) 式が成り立つことは，例として $(i, j, k, l) = (1, 0, 1, 0)$ の場合について示すことにする．この場合，$(l, k, i, j) = (0, 1, 1, 0)$ なので，$p_{1010} = p_{0110}$ を示せばよい．条件付き確率により次のように計算できる．

$$\begin{aligned}
p_{1010} &= P(X_1 = 1, X_2 = 0, X_3 = 1, X_4 = 0) \\
&= P(X_1 = 1) \times P(X_2 = 0 \big| X_1 = 1) \times \\
&\quad\ P(X_3 = 1 \big| (X_1, X_2) = (1, 0)) \times P(X_4 = 0 \big| (X_1, X_2, X_3) = (1, 0, 1)) \\
&= \frac{w}{b + w} \times \frac{b}{a + b + w} \times \frac{a + w}{2a + b + w} \times \frac{a + b}{3a + b + w} \\
&= \frac{b}{b + w} \times \frac{w}{a + b + w} \times \frac{a + w}{2a + b + w} \times \frac{a + b}{3a + b + w} \\
&= p_{0110}
\end{aligned}$$

一般の場合の議論は読者の演習問題として残しておく．

連続型確率変数における反例の構築はより簡単である．例えば，$(X_1, \ldots, X_n)$ が平均ベクトル $\mathbf{0}$，分散共分散行列 $\mathbf{\Sigma} = (\sigma_{ij})$ の正規分布に従うとする．$\sigma_{ii} = 1$，$\sigma_{ij} = \rho > 0\ (i \neq j)$ とすれば，$\{X_i\}_{i=1}^{n}$ は明らかに交換可能である．確率密度関数が確率ベクトルの線形変換によってどのように変わるかを調べればこの事実をすぐに確認できる．しかし，$\mathbf{\Sigma}$ の非対角要素が 0 でないため，$X_1, \ldots, X_n$ は互いに独立ではない．

科学的認識の過程は，我々の信念や過去の経験，観測された事実を一貫した

方法で系統的に不断に更新していくべき過程であろう．独立性の要請に基づく頻度論の観点から構築された古典的統計学の枠組みでは，過去の経験からの学習を体系的に捉えることが難しい．コイントスを例に頻度論の限界について考察しよう．あるコインについての事前情報がないとして，このコインについての知見を得るため，このコインを 100 回投げてデータを収集した．101 回目にこのコインを投げるとき，表の出る確率 $P(X_{101}=1)$ の予測問題を考える．頻度論の立場から，$X_1, X_2, \ldots, X_{100}, X_{101}$ は全て独立なので，

$$P\left(X_{101}|X_1=x_1,\ldots,X_{100}=x_{100}\right)=P(X_{101}=1)=\frac{1}{2} \tag{5.6}$$

と帰結される．101 回目の試行結果について，これまでの 100 回のデータ $x_1,\ldots,x_{100}$ が完全に無視される結果となる．もし，100 回目までのデータの中に表と裏が約半々であれば，すなわち

$$\bar{x}_{100}=\frac{1}{100}(x_1+\cdots+x_{100})\approx\frac{1}{2}$$

という状況であれば，頻度論の立場から導かれた結論である (5.6) 式でも大きな問題はなかろう．しかし，例えば極端な場合として，$\bar{x}_{100}=0.01$ の場合，頻度論的議論 (5.6) は重大な問題を抱えることになる．この議論は明らかにコイントスに限った話ではなく，頻度論に基づく古典的統計学の枠組みに存在する普遍的現象と言える．

de Finetti は上述の問題に気づき，主観的確率の概念を正当化するため，独立性より弱い仮定である交換可能性の条件を統計学に導入したのである．

定義 5.1 (交換可能性)　有限の確率変数の列 $\{X_i\}_{i=1}^n$ に対して，$(X_1,\ldots,X_n)$ の同時分布と，その任意の順列 $(X_{i_1},\ldots,X_{i_n})$ の同時分布が同じであるとき，$\{X_i\}_{i=1}^n$ は交換可能であるという．また，無限列 $\{X_i\}_{i=1}^\infty$ の任意の有限列が交換可能であれば，$\{X_i\}_{i=1}^\infty$ は交換可能であるという．

さらに，de Finetti (1931) は，$\{X_i\}_{i=1}^\infty$ が 2 値変数列のとき，交換可能性の仮定から出発して $[0,1]$ 上の確率変数 θ が存在し，$(X_1,\ldots,X_n)$ の同時分布が θ の分布の混合分布として表現できることを証明した．

定理 5.1 (de Finetti の定理 (de Finetti, 1931))　2 値変数列 $X_1, \ldots, X_n, \ldots$ が交換可能であるための必要十分条件は，$[0,1]$ 上の確率分布関数 $F(\theta)$ が存在し，$(X_1, \ldots, X_n)$ の同時分布が

$$P(X_1 = x_1, \ldots, X_n = x_n) = \int_0^1 \theta^{s_n}(1-\theta)^{n-s_n}\, dF(\theta) \tag{5.7}$$

と表現できることである．ただし，$s_n = \sum_{i=1}^n X_n$ である．

(5.7) 式の右辺の被積分関数は

$$\{\theta^{x_1}(1-\theta)^{1-x_1}\} \times \cdots \times \{\theta^{x_n}(1-\theta)^{1-x_n}\}$$

と書けることに注意すると，(5.7) 式から $[0,1]$ 上で定義される確率変数 θ が存在し，θ を与えたときに，$X_1, \ldots, X_n$ が独立であることがわかる．このように，de Finetti の定理はベイズ推論の枠組みの中で，パラメトリック統計モデルの導入を正当化した．

de Finetti の定理は，主観的意見やこれまでに蓄積された証拠，客観的事実などを新たな観測結果に反映させ，一貫したエビデンスの系統的構築法としての数学的基礎を与えている．コイントスの例に de Finetti の定理を適用し，データを観測した後に将来観測する予定の変数 X_{n+1} の期待値は，(5.7) 式にある潜在的なパラメータ θ の事後平均として，

$$\begin{aligned} P(X_{n+1} = 1|x_1, \ldots, x_n) &= \int_0^1 P(X_{n+1} = 1|x_1, \ldots, x_n, \theta) f(\theta|x_1, \ldots, x_n)\, d\theta \\ &= \int_0^1 P(X_{n+1} = 1|\theta) f(\theta|x_1, \ldots, x_n)\, d\theta \\ &= \int_0^1 \theta f(\theta|x_1, \ldots, x_n)\, d\theta \\ &= E(\theta|x_1, \ldots, x_n) \end{aligned} \tag{5.8}$$

となることが導かれる．上の 2 つ目の等号は de Finetti の定理から導かれる $X_1, \ldots, X_n, X_{n+1}$ の条件付き独立性による．このように潜在的なパラメータを観測体系に導入し，パラメータの不確実性を分布で記述することにより，パラメータの事後分布に基づいて推論を展開する考えがきわめて自然であることが理解できよう．Hewitt and Savage (1955) らによって de Finetti の定理は任意の確率変数に対して一般化されている．

5.4 ベイズ推論 vs. 頻度論

前節で概説したようにベイズ推論ではパラメータの事後分布をデータから導き，それに基づいて頻度論と同じように点推定，区間推定，有意性検定などを行う．この節ではこれらの観点からベイズ推論と頻度論との比較を行う．

まずパラメータ θ のベイズ推定量を考える．事後分布の平均をベイズ推定量として採用することが多い．もし事前分布 $h(\theta)$ が一様分布の場合，事後分布 $h(\theta|y)$ は尤度 $f(y|\theta)$ の定数倍となり，事後分布のモード $\widehat{\theta}$ が最尤推定量に一致する．事前分布 $h(\theta)$ が正則で，また標本数がそれほど大きくないとき，事後分布は通常歪んだ形となる．このとき，事後平均とモードとのずれが顕著となり，最尤推定量とも大きく異なると予想される．ベイズ推定量は通常事前分布の平均にシフトするように最尤推定量を‘縮小’させている．

次にパラメータの区間推定について考える．頻度論ではデータが繰り返し得られることを前提に，未知の定数であるパラメータがあるランダムな区間に含まれる確率が，あらかじめ設定された信頼係数 (被覆確率) と一致するように区間を設計する．このように得られたのが信頼区間である．ベイズ推論では信頼区間に対応するものが事後分布 $h(\theta|y)$ に基づく信用区間 (credible interval) である．母数 θ の $(1-2\alpha)100\%$ の信用区間 (ℓ, u) は事後分布 $h(\theta|y)$ の下側 100α パーセント点 ℓ と上側 100α パーセント点 u で構成されるのが一般的である．最高事後密度区間 (highest posterior density interval) を信用区間として採用することも自然な考え方の 1 つである．最高事後密度区間は文字通り区間内の事後分布の密度関数 $h(\theta|y)$ の値が区間外のどの点よりも高い区間と定義される．$h(\theta|y)$ が単峰分布 (unimodal distribution) の場合，最高事後密度区間は幅が最も狭い区間として特徴づけられる．

ベイズ推論における信用区間と頻度論における信頼区間の最大の違いは，それぞれの区間の性能を評価する方法にある．信頼区間の被覆確率 (coverage probability) は，不確実性を伴う試行が繰り返し行えると想定し，ランダムに得られるデータに基づいて構成された区間に未知の母数が含まれる確率として定義される．例えば，平均 θ，分散 1 の正規母集団 $N(\theta, 1)$ からの標本 $Y_1, \ldots, Y_n$

に基づく θ の信頼区間 $I = \bar{Y} \pm 1.96/\sqrt{n}$ の被覆確率は

$$P(\theta \in I) = P\left(\bar{Y} - \frac{1.96}{\sqrt{n}} \le \theta \le \bar{Y} + \frac{1.96}{\sqrt{n}}\right) = 95\% \tag{5.9}$$

と計算される．(5.9) 式の計算において，実際に得られたデータは全く関与せず，その根拠は

$$\sqrt{n}(\bar{Y} - \theta) \sim N(0, 1) \tag{5.10}$$

という分布論が成立するところにある．一方，信用区間 (ℓ, u) の被覆確率は，データ y を観測した後のパラメータ θ の条件付き確率

$$P\left(\ell \le \theta \le u|y\right) \tag{5.11}$$

であり，この確率は事後分布 $h(\theta|y)$ に基づいて評価される．

最後に有意性検定との比較をしてみよう．頻度論の枠組みでは，まず帰無仮説 H_0 を設定し，H_0 の下での検定統計量 T の分布 (帰無分布) を導出する．観測されたデータがまれかどうかは帰無分布に照らして，帰無仮説 H_0 の採択あるいは棄却の判断を下す．H_0 の下でのデータのまれさの程度は p 値と呼ばれる帰無分布の裾の確率 $P(T \ge t)$ で評価される．ただし，t は観測されたデータに基づく検定統計量 T の実現値である．

ベイズ推論では，p 値の代わりにパラメータ θ における種々の事後確率が用いられる．例えば，2 剤 A と B の有効性を比較したい場合，θ_{A} と θ_{B} を 2 剤の有効性を表すパラメータとすると，$\theta = \theta_{\mathrm{A}} - \theta_{\mathrm{B}}$ の符号を調べればよい．このとき，2 剤の相対的有効性のエビデンスとして，事後確率 $P(\theta > 0 \,|\, y)$ の評価を行えばよい．もし事前分布が尤度に対して比較的平らな場合，事後確率 $P(\theta > 0 \,|\, y)$ は，片側検定 $H_0 : \theta = 0$ 対 $H_1 : \theta > 0$ における p 値に近いと予想される．両側検定，すなわち，$H_0 : \theta = 0$ 対 $H_1 : \theta \ne 0$，の場合，評価すべき事後確率は必ずしも明確ではない．このような場合，ベイズ信用区間を用いることができよう．信用区間に原点が含まれるかどうかを，H_0 を棄却する基準にすればよい．

5.5 ベイズ流モデル検査

頻度論の場合と同様にモデル検査 (model checking) はベイズ解析においてきわめて重要な作業である．頻度論的アプローチによるモデル検査法の多くはベイズ推論の場合にも適用できる．例えば，候補となるモデルの下でのパラメータの事後分布を比較し，感度解析 (sensitivity analysis) を行うことが考えられる．また，例えば個別のデータを全体の標本から一時的に除外し，残りのデータで同じ解析を行い，個別のデータがもつ影響度を調べる個体除去診断 (case-deletion diagnostics) を行うことも考えられる．さらに，ベイズ予測分布からランダムにデータを発生させ，実際に得られたデータとの比較を行うことも有用な手段である．それはモデルが適切ならばベイズ予測分布は信用に値するものであり，そこから発生されるデータは実際のデータと類似することが期待できるからである．例えば，実際のデータと予測分布から生成される擬似データに基づいて，それぞれ有意性検定を行い，得られる結果を比較することができる．

候補となる統計モデルの相対的合理性をベイズ的に評価することができる．最も単純な場合として，候補となるモデルが H_1 と H_2 のみの場合について考えよう．データ D の情報を取り入れる前に，モデル候補 H_1 と H_2 の強さの指標を事前確率 $P(H_1)$ と $P(H_2) = 1 - P(H_1)$ で表す．このとき，この 2 つのモデルの相対的強さは

$$\text{モデルの事前オッズ} = \frac{P(H_1)}{P(H_2)} = \frac{P(H_1)}{1 - P(H_1)}$$

で表され，この値が 1 より大きければモデル H_1 がより有力な候補となる．

データ D が与えられた後に，ベイズの定理を用いて，それぞれのモデルの強さ，そして事前オッズを更新する．モデル H_i の下での D の密度関数を $P(D|H_i)$ とすると，モデル H_i の事後確率は

$$P(H_i|D) = \frac{P(D|H_i)P(H_i)}{P(D|H_1)P(H_1) + P(D|H_2)P(H_2)}, \quad i = 1, 2 \tag{5.12}$$

となることから，モデル H_1 と H_2 の事後オッズは

$$\frac{P(H_1|D)}{P(H_2|D)} = \frac{P(D|H_1)}{P(D|H_2)} \times \frac{P(H_1)}{P(H_2)} \tag{5.13}$$

と更新される．データの情報を反映したモデルの事後オッズは一般に事前オッズとは異なる．例えば，事前オッズの値が $P(H_1)/P(H_2) = 100/1$ の場合を考えると，データの情報を取り入れる前に，モデル H_1 は強く支持される．データ D の情報を取り入れた後，事後オッズの値が $P(H_1|D)/P(H_2|D) = 100/99$ と変化したとする．事後オッズを単独に見た場合，モデル H_1 は支持されるが，2 つのモデルの強さの差は無視できる程度である．ベイズ推論は新たな情報を得た後に，我々の信念がどう更新されるべきかを問う方法論なので，事後オッズとオッズの値の比を見るべきであろう．この例の場合，事後オッズと事前オッズの比は

$$\frac{\text{事後オッズ}}{\text{事前オッズ}} = \frac{100/99}{100/1} \approx 1\%$$

であり，データを得た後に H_1 が支持されるという信念を変更せざるをえない．極端な場合として，きわめて強い信念の下で限りなく大きい事前オッズを設定したとして，もし事後オッズが 1 に近ければ，事後オッズと事前オッズの比は限りなく小さな値となり，事後的判断では 2 つのモデルの優劣が逆転される．

このようにデータが観測された後，相対オッズが上昇したかどうかでモデルの選択を行うのが合理的と言える．この相対オッズ，すなわち事後オッズと事前オッズの比は

$$\begin{aligned} B_{12} &= \frac{P(D|H_1)}{P(D|H_2)} = \frac{P(H_1|D)}{P(H_2|D)} \Big/ \frac{P(H_1)}{P(H_2)} \\ &= \frac{\text{事後オッズ}}{\text{事前オッズ}} \end{aligned} \tag{5.14}$$

となり，2 つのモデルにおけるデータの周辺尤度の比となっている．B_{12} はベイズ因子 (Bayes factor) と呼ばれる量であり，2 つのモデルを比較するための基準となる．ベイズ因子に最初に注目したのは Jeffreys (1935) とされる．2 つのモデルの事前確率が等しいとき，ベイズ因子は事後オッズとなる．

2 つの単純仮説を考える場合，モデルに推定すべきパラメータが含まれないことから，ベイズ因子は尤度比に帰着される．モデルに推定すべき母数が含まれているときでも，ベイズ因子は尤度比の形となっている．ただし，この場合のベイズ因子の分子と分母は，それぞれのモデルに含まれるパラメータの事前分布を積分して得られるデータの周辺尤度

$$P(D|H_k) = \int P(D|\boldsymbol{\theta}_k, H_k) h(\boldsymbol{\theta}_k|H_k)\, d\boldsymbol{\theta}_k, \quad k = 1, 2 \tag{5.15}$$

となっている．この点は頻度論における議論とは大きく異なる．頻度論の場合，事前分布は想定されていないので，それぞれのモデルに基づいて最尤推定量を求め，対応する尤度の比を求める．周辺尤度 (5.15) 式は積分の形となっていることから，積分尤度 (integrated likelihood) と呼ばれるときもある．また (5.15) 式は事前分布 $h(\boldsymbol{\theta}_k)$ の想定の下でデータが得られる可能性を示すものでもあり，$P(D|H_k)$ を予測確率として解釈することもできる．

ベイズ因子 B_{12} は 2 つの統計モデル H_1 と H_2 の妥当性を周辺尤度の比で計ったものであり，この値は理論上 0 以上のどんな値をとることもありうることから，その解釈は確率のように必ずしも容易ではない．Jeffreys (1961) は B_{12} の大きさの解釈について，表 5.1 に挙げるような判断基準を与えている．

表 5.1 Jeffreys (1961) によるベイズ因子の解釈

$\log_{10}(B_{12})$	B_{12}	H_2 を棄却する証拠の強さ
0 から 1/2 まで	1 から 3.2 まで	言及に値しない*1)
1/2 から 1 まで	3.2 から 10 まで	相当に強い
1 から 2 まで	10 から 100 まで	強い
2 以上	100 以上	決定的に強い

確率の大きさは賭けに基づいてある程度直感的に解釈することが可能であるが，正の数であるベイズ因子の解釈は一般に難しく，応用分野によってはモデル (仮説) H_1 を支持するのに，Jeffreys が示した表 5.1 の基準より遥かに大きい値をとる必要がある．特に H_1 がきわめて重大な不利益に直結するような場合，B_{12} は通常保守的にとる必要がある．例えば，被告人が有罪であることのエビデンスとしてベイズ因子が使われる場合，H_1 を「有罪」，H_2 を「無罪」として，B_{12} の値は少なくとも 1000 以上でないと，H_1 を支持 (有罪と断定) することは困難であろう (Evett, 1991).

ベイズ因子は本質的に尤度比であるため，一般化線形モデルにおける逸脱度と密接な関連がある．このことから Kass and Raftery (1995) は Jeffreys の解釈を修正し，ベイズ因子の 2 倍の自然対数に基づいて表 5.2 で示される基準を

---

*1) 原文: ‘not worth more than a bare mention’ (Jeffreys, 1961, App.B).

表 5.2 Kass and Raftery (1995) によるベイズ因子の解釈

$2\log_e(B_{12})$	B_{12}	H_2 棄却する証拠の強さ
0 から 2 まで	1 から 3 まで	言及に値しない
2 から 6 まで	3 から 20 まで	積極的*2)
6 から 10 まで	20 から 150 まで	強い
10 以上	150 以上	非常に強い*3)

提案した．この基準は現在広く受け入れられている．

Kass and Raftery の基準である表 5.2 と Jeffreys の基準である表 5.1 を比べれば一目瞭然であるが，表 5.2 の基準はより保守的である．これは前述のようにベイズ因子の解釈は分野によって大きく異なることを意識しているからであろう．

ベイズ因子

$$B_{12} = \frac{P(D|H_1)}{P(D|H_2)} \tag{5.16}$$

を正確に計算するため，事前分布 $h(\boldsymbol{\theta}_k|H_k)$ を設定する必要がある．それは $P(D|H_k)$ が事前分布 $h(\boldsymbol{\theta}_k|H_k)$ を用いた積分として定義されているからである．ベイズ因子の近似的な値を求めるならば，(5.16) 式の分子と分母を別々に計算するのではなく，B_{12} の対数をとれば分子と分母に含まれる事前分布に関する一部の項がキャンセルされる．実際，

$$S = \log P(D|\widehat{\boldsymbol{\theta}}_1, H_1) - \log P(D|\widehat{\boldsymbol{\theta}}_2, H_2) - \frac{1}{2}(d_1 - d_2)\log n \tag{5.17}$$

とすると，$n \to \infty$ のとき，次の事実

$$\frac{S - \log B_{12}}{\log B_{12}} \to 0 \tag{5.18}$$

が成立することが知られている．ただし，$\widehat{\boldsymbol{\theta}}_k$ はモデル H_k の下での最尤推定量を表し，$d_k = \dim(\boldsymbol{\theta}_k)$ はモデルの複雑さの指標の 1 つである $\boldsymbol{\theta}_k$ の次元である．(5.18) 式は S とベイズ因子の対数の差がベイズ因子の対数の大きさに比べて無視できることを意味している．ベイズ因子の対数の近似値である (5.17) 式の S

---

*2) 原文: 'Positive'．表 5.1 の対応する 2 行めでは，Jeffreys は 'substantial' としている．Kass and Raftery の基準はより保守的と言える．

*3) 原文: 'Very strong'．表 5.1 の対応する最後の行では，Jeffreys は 'decisive' としている．ここでも Kass and Raftery はより保守的な表現にとどまっている．

は Schwarz の基準として知られている．S の計算式に事前分布に関する情報が一切含まれていないことに注意する．このことに着目し，Schwarz (1978) はモデルを選ぶための基準として，ベイズ情報量規準 BIC (Bayesian information criterion)

$$\mathrm{BIC} = -2\log P(D|\widehat{\boldsymbol{\theta}}, H) + \dim(\boldsymbol{\theta})\log n \tag{5.19}$$

を提案した．定義から BIC の値がより小さいモデルが良いモデルとされる．BIC の大きさの解釈に関しては，ベイズ因子との関連から表 5.2 の Kass and Raftery の基準などに基づけばよい．例えば，モデル H_k の下でのベイズ情報量規準を BIC_k とすると，

$$\mathrm{BIC}_1 - \mathrm{BIC}_2 = -2S \approx -2\log B_{12}$$

となることから，比較すべきモデルのベイズ情報量規準の差に係数 $-1/2$ を掛けたものを，表 5.2 などを参照して評価すればよい．

BIC は情報理論的観点から導かれた赤池情報量規準 AIC (Akaike's information criterion)

$$\mathrm{AIC} = -2\log P(D|\widehat{\boldsymbol{\theta}}, H) + 2\dim(\boldsymbol{\theta}) \tag{5.20}$$

と酷似している．AIC は頻度論の観点から導かれたもので，事前分布の想定はしていない．BIC と AIC の違いは罰則項のみである．AIC の罰則項はモデルの複雑さの指標であるパラメータの次元の 2 倍となっているのに対して，BIC の罰則項はパラメータの次元の $\log n$ 倍となっている．ところで，$\log 7 \approx 1.95$, $\log 8 \approx 2.08 > 2$ なので，$n \geq 8$ のとき，AIC に比べて BIC にはより重い罰則が課せられていることとなる．BIC の基準の下で，データ数が増えた際のモデルの優越性を示すためには，尤度もそれに見合うように増大しなければならない．情報量規準 AIC の罰則項はパラメータの次元の定数倍のみとなっていることから，データ量の増大に対応した視点が欠けていると言える．もちろん，頻度論の立場でデータ数が増えたときの典型的な対応として，より多くのパラメータを含む複雑なモデルを適用することが考えられる．このとき AIC の罰則も同時に重くなるが，これは別問題である．

ベイズ因子などを用いてもモデルの優劣がはっきりつかない場合も当然考えられる．複数のモデルが最終的に候補として残るとき，これらのモデルの平均

化 (model averaging) を行うことが考えられる．あるいは，候補となるモデルの数がそれほど多くなければ，全てのモデルに重みを付けて，重み付き平均化を行い，平均化モデルを得ることができる．この話題についてこれ以上の議論は割愛するが，詳細は Raftery et al. (1997) や Hoeting et al. (1999) などを参照してほしい．

5.6 ベイズ流線形モデル

この節では一般化線形モデルの最も重要な場合である線形モデル

$$\boldsymbol{y} \sim N(\boldsymbol{x\beta}, \boldsymbol{\Sigma}) \tag{5.21}$$

に対するベイズ的アプローチを考える．ここで分散共分散行列 $\boldsymbol{\Sigma}$ は既知の正定値行列とする．(5.21) 式の $\boldsymbol{x}$ は既知のデザイン行列で，$\boldsymbol{\beta}$ は推定すべきパラメータである．ベイズ的枠組みで線形モデル (5.21) は次のように拡張される．

ベイズ流線形モデル (Bayesian linear model)

尤度関数： $\boldsymbol{y}|\boldsymbol{\beta}_1 \sim N(\boldsymbol{x}_1\boldsymbol{\beta}_1, \boldsymbol{\Sigma}_1)$ (5.22)

事前分布： $\boldsymbol{\beta}_1|\boldsymbol{\beta}_2 \sim N(\boldsymbol{x}_2\boldsymbol{\beta}_2, \boldsymbol{\Sigma}_2)$ (5.23)

ベイズ流線形モデル (5.22), (5.23) における $\boldsymbol{x}_1$，$\boldsymbol{x}_2$ は既知のデザイン行列，分散共分散行列 $\boldsymbol{\Sigma}_1$，$\boldsymbol{\Sigma}_2$ は既知の正定値行列，また $\boldsymbol{\beta}_2$ は既知のハイパーパラメータである．このような定式化を最初に行ったのが Lindley and Smith (1972) とされる．ベイズ流線形モデル (5.22), (5.23) の下で，$\boldsymbol{\beta}_1$ の事後分布も次のような正規分布であることが容易に導かれる．

$$\boldsymbol{\beta}_1|\boldsymbol{y} \sim N\left(\widetilde{\boldsymbol{\mu}}, \widetilde{\boldsymbol{\Sigma}}\right) \tag{5.24}$$

$$\widetilde{\boldsymbol{\mu}} = \widetilde{\boldsymbol{\Sigma}}\left(\boldsymbol{x}_1'\boldsymbol{\Sigma}_1^{-1}\boldsymbol{y} + \boldsymbol{\Sigma}_2^{-1}\boldsymbol{x}_2\boldsymbol{\beta}_2\right) \tag{5.25}$$

$$\widetilde{\boldsymbol{\Sigma}} = \left(\boldsymbol{x}_1'\boldsymbol{\Sigma}_1^{-1}\boldsymbol{x}_1 + \boldsymbol{\Sigma}_2^{-1}\right)^{-1} \tag{5.26}$$

無情報事前分布が望ましい場合に，事前分布 (5.23) において $\boldsymbol{\beta}_2 = \boldsymbol{0}$ とし，$\boldsymbol{\Sigma}_2$ を大きな対角要素をもつ対角行列とすればよい．尤度関数の指定に対応す

る (5.22) 式における分散共分散行列 $\boldsymbol{\Sigma}_1$ を既知とするのは非現実的であるが，これはベイズ流線形モデルを導入するために便宜的においた仮定である．独立性と等分散性の仮定が妥当な場合，$\boldsymbol{\Sigma}_1 = \sigma^2\mathbb{I}$ と書くことができ，$\boldsymbol{\Sigma}_1$ を既知とすることは，σ^2 の値を仮定することと同値である．ただし，$\mathbb{I}$ は単位行列である．σ^2 が未知のとき，後述するように σ^2 についても $\boldsymbol{\beta}_1$ と独立な事前分布を設定することができる．

5.6.1　正規分布の平均のベイズ推定

さて，まず最も単純なベイズ流線形モデル

$$y \sim N(\mu, \sigma_1^2) \tag{5.27}$$

$$\mu \sim N(\lambda, \sigma_2^2) \tag{5.28}$$

について考えよう．モデル (5.22), (5.23) において，

$$\boldsymbol{y} = y,\quad \boldsymbol{\beta}_1 = \mu,\quad \boldsymbol{x}_1 = \boldsymbol{x}_2 = 1,\quad \boldsymbol{\beta}_2 = \lambda,\quad \boldsymbol{\Sigma}_1 = \sigma_1^2,\quad \boldsymbol{\Sigma}_2 = \sigma_2^2$$

とおけば，(5.27) 式，(5.28) 式が得られる．ベイズ流線形モデル (5.27), (5.28) に基づく多くの結果が後に一般化される．単純化された (5.27) 式の中の y は 1 次元の変数であるが，実際 y は n 個の観測値の平均で，σ_1^2 は標本平均の分散と考えてもよかろう．

さて，(5.27) 式, (5.28) 式から尤度関数と事前分布の密度関数の積は，定数を除いて，

$$\exp\left\{-\frac{(y-\mu)^2}{2\sigma_1^2}\right\}\exp\left\{-\frac{(\mu-\lambda)^2}{2\sigma_2^2}\right\}$$

と書ける．この積は μ と無関係の定数を除けば，

$$\exp\left\{-\frac{(\mu-\widetilde{\mu})^2}{2\widetilde{\sigma}^2}\right\}$$

に比例することがわかる．ただし，

$$\widetilde{\mu} = \frac{\sigma_2^2\, y + \sigma_1^2\,\lambda}{\sigma_1^2 + \sigma_2^2},\quad \widetilde{\sigma}^2 = \left(\frac{1}{\sigma_1^2} + \frac{1}{\sigma_2^2}\right)^{-1}$$

である．μ の事後分布は平均 $\widetilde{\mu}$，分散 $\widetilde{\sigma}^2$ の正規分布 $N(\widetilde{\mu}, \widetilde{\sigma}^2)$ である．すなわち，μ の事後平均 $\widetilde{\mu}$ は

$$\widetilde{\mu} = \frac{\sigma_2^2}{\sigma_1^2 + \sigma_2^2} y + \frac{\sigma_1^2}{\sigma_1^2 + \sigma_2^2} \lambda \tag{5.29}$$

と書けることから，事後平均はデータ y と事前平均 λ の重み付き平均となっていることがわかる．$\widetilde{\mu}$ は事前情報を無視したときの最尤推定量である y を，事前平均の方向に縮小した形となっている．データの量が事前情報を圧倒するとき，σ_1^2 は相対的に小さな値となり，(5.29) 式の第 2 項が無視できるとすると，$\widetilde{\mu} \approx y$ となる．あるいは，無情報事前分布を採用する場合，σ_2^2 が相対的に大きな値となり，(5.29) 式の第 2 項が同様に無視できれば，同様に $\widetilde{\mu} \approx y$ となる．

μ の事後分布の分散の逆数は

$$\frac{1}{\widetilde{\sigma}^2} = \frac{1}{\sigma_1^2} + \frac{1}{\sigma_2^2} \tag{5.30}$$

である．分散の逆数は推定の精度に関わる重要な指標であり，しばしば精度 (precision) と呼ばれる．(5.30) 式から正規分布の平均の事後平均における精度は標本の精度と事前分布の精度の和に分解できることを意味する．

5.6.2 より一般的なベイズ流線形モデル

ここで前項で述べたモデルを拡張し，より一般的な線形モデル，すなわち

$$\boldsymbol{y} = \begin{pmatrix} y_1 \\ \vdots \\ y_n \end{pmatrix} \sim N\left(\boldsymbol{x\beta},\, \sigma^2 \mathbb{I}_n\right) \tag{5.31}$$

のベイズ的拡張について考察する．ただし，$\mathbb{I}_n$ は n 次の単位行列である．ここで 1 次元のハイパーパラメータ λ を用いて，次のベイズ流線形モデルを構築する．

$$\boldsymbol{y}|\boldsymbol{\beta} \sim N(\boldsymbol{x\beta},\, \sigma^2 \mathbb{I}_n) \tag{5.32}$$

$$\boldsymbol{\beta}|\lambda \sim N(\lambda \mathbb{1}_p,\, \tau^2 \mathbb{I}_p) \tag{5.33}$$

ただし，$\mathbb{1}_p$ は全ての成分が 1 の p 次元ベクトルである．ここで (5.32) 式と (5.33) 式に含まれる σ^2 と τ^2 は既知とする．(5.33) 式より $\boldsymbol{\beta}$ の各成分は独立であり，また共通の平均 λ と共通の分散 τ^2 をもつ．データ解析の際に $\lambda = 0$ とすることが多い．ベイズモデル (5.32), (5.33) は交換可能な処置効果モデルと

して実際のデータ解析でよく利用される．各処置効果の事前分布である (5.33) 式が共通の分散 τ^2 をもつためには，通常説明変数をあらかじめ標準化しておく必要がある．

ベイズモデル (5.32), (5.33) はモデル (5.22), (5.23) の特別な場合であるため，(5.24) 式，(5.26) 式により $\boldsymbol{\beta}$ の事後分布は次のようになる．

$$\boldsymbol{\beta}|\boldsymbol{y} \sim N(\widetilde{\boldsymbol{\beta}}, \widetilde{\boldsymbol{\Sigma}}) \tag{5.34}$$

$$\widetilde{\boldsymbol{\beta}} = \widetilde{\boldsymbol{\Sigma}}\left(\sigma^{-2}\boldsymbol{x}'\boldsymbol{y} + \frac{\lambda}{\tau^2}\mathbb{1}_p\right) \tag{5.35}$$

$$\widetilde{\boldsymbol{\Sigma}} = \left(\sigma^{-2}\boldsymbol{x}'\boldsymbol{x} + \tau^{-2}\mathbb{I}_p\right)^{-1} \tag{5.36}$$

この場合の通常の最小 2 乗推定量は

$$\widehat{\boldsymbol{\beta}} = (\boldsymbol{x}'\boldsymbol{x})^{-1}\boldsymbol{x}'\boldsymbol{y} \tag{5.37}$$

であり，当然事前分布の情報は含まれていない．(5.36) 式，(5.37) 式を用いて (5.35) 式の事後平均 $\widetilde{\boldsymbol{\beta}}$ を

$$\widetilde{\boldsymbol{\beta}} = \left(\sigma^{-2}\boldsymbol{x}'\boldsymbol{x} + \tau^{-2}\mathbb{I}_p\right)^{-1}\left(\sigma^{-2}\boldsymbol{x}'\boldsymbol{x}\hat{\boldsymbol{\beta}} + \frac{\lambda}{\tau^2}\mathbb{1}_p\right) \tag{5.38}$$

と変形できることに注意すると，事後平均 $\widetilde{\boldsymbol{\beta}}$ は最小 2 乗推定量 $\widehat{\boldsymbol{\beta}}$ と事前分布の平均 $\lambda\mathbb{1}_p$ の重み付き平均となっていることがわかる．また，前項で述べた精度の加法的分解，すなわち

事後分布の精度 ＝ 標本の精度 ＋ 事前分布の精度

という原理はいまの場合も成立する．なぜなら，(5.36) 式により事後分布の共分散行列の逆行列は

$$\widetilde{\boldsymbol{\Sigma}}^{-1} = \sigma^{-2}\boldsymbol{x}'\boldsymbol{x} + \tau^{-2}\mathbb{I}_p$$

となり，右辺の第 1 項の $\sigma^{-2}\boldsymbol{x}'\boldsymbol{x}$ は最小 2 乗推定量 $\widehat{\boldsymbol{\beta}}$ の共分散行列の逆行列で，第 2 項の $\tau^{-2}\mathbb{I}_p$ は $\boldsymbol{\beta}$ の事前分布の共分散行列の逆行列となっているからである．τ^2 が大きくなっていくと事前情報は曖昧となり，ベイズ推定量 $\widetilde{\boldsymbol{\beta}}$ は最小 2 乗推定量 $\widehat{\boldsymbol{\beta}}$ に近づき，事後共分散行列 $\widetilde{\boldsymbol{\Sigma}}$ は $\widehat{\boldsymbol{\beta}}$ の共分散 $\sigma^2(\boldsymbol{x}'\boldsymbol{x})^{-1}$ に近づく．

5.6.3 ベイズ流一元配置分散分析

ある母集団を 1 つの因子 (要因; factor) の異なるレベル (例えば，大・中・小) に応じてグループ化し，それぞれのグループから標本を抽出し，分散に基づいてグループ間の違いの有無の解析を行うのが，一元配置分散分析 (one-way ANOVA) である．2 群の平均の差の検出は t 検定などを用いればよいので，一元配置分散分析は 3 群以上の場合に対して適用されるのが一般的である．例えば，小学校の児童の 1 日におけるテレビの平均視聴時間が成績に与える影響を調べたいとき，児童を以下の 3 つのグループ

- グループ 1：テレビの平均視聴時間が 4 時間以上
- グループ 2：テレビの平均視聴時間が 2 時間以上 4 時間未満
- グループ 3：テレビの平均視聴時間が 2 時間未満

に分け，グループ間の成績の比較を行うことが考えられる．この例の場合，全体の児童から標本抽出を行い，アンケートなどに基づいて事後的に試験の成績のグループ化をすることができる．

ここでは因子 A を I 個のレベルに分け，i 番目のグループから n_i 個の標本

$$y_{i1}, y_{i2}, \ldots, y_{in_i}, \quad i = 1, \ldots, I$$

を抽出し，y_{ij} は互いに独立で正規分布に従うと仮定できる状況を考える．すなわち，

$$y_{ij}|\mu_i \sim N(\mu_i, \sigma^2), \quad i = 1, \ldots, I, \quad j = 1, \ldots, n_i \tag{5.39}$$

が成立する状況を想定する．モデル (5.39) は線形モデルの特別な場合と見なすことができる．このモデルにおいて同じレベルの因子からの標本 y_{ij} が同じ平均 $E(y_{ij}) = \mu_i$ をもつと仮定している．ベイズ解析を行うため，i 番目のレベルの平均 μ_i に関して次の共役事前分布

$$\mu_i|\lambda \sim N(\lambda, \tau^2), \quad i = 1, \ldots, I \tag{5.40}$$

を導入する．(5.39) 式と (5.40) 式を合わせたモデルが一元配置のベイズモデルである．(5.39) 式の分布 $N(\mu_i, \sigma^2)$ は群内の変動を記述するものであり，(5.40) 式の分布 $N(\lambda, \tau^2)$ は群間の変動を捉えるためのものである．

一般的結果 (5.24) 式–(5.26) 式により，因子の平均ベクトル $\boldsymbol{\mu} = (\mu_1, \ldots, \mu_I)'$

の事後平均と事後共分散行列を導出することができる．μ_i の事後平均は

$$\widetilde{\mu}_i = w_i \bar{y}_i + (1 - w_i)\lambda \tag{5.41}$$

となり，これはレベル i の標本平均

$$\bar{y}_i = n_i^{-1} \sum_{j=1}^{n_i} y_{ij}$$

と事前分布の平均 λ の重み付き平均である．ただし，重み w_i は

$$w_i = \left(\frac{\sigma^2}{n_i} + \tau^2 \right)^{-1} \tau^2 \tag{5.42}$$

である．各 n_i が大きければ w_i は 1 に近づき，(5.41) 式における $\bar{y}_i$ の影響が増えていき，やがて事前情報を圧倒する．同様に $\tau^2 \to \infty$ のとき，すなわち，事前情報が曖昧になっていくときも，事後平均 $\widetilde{\mu}_i$ は i 番目のレベルの標本平均 $\bar{y}_i$ に近づく．一方，このときの事後精度行列は対角行列

$$\widetilde{\boldsymbol{\Sigma}}^{-1} = \mathrm{diag}\left(\frac{n_i}{\sigma^2} + \frac{1}{\tau^2} \right)$$

となり，各対角要素はこの場合も標本の精度と事前精度の和に分解されている．

$\boldsymbol{\mu} = (\mu_1, \ldots, \mu_I)'$ の事後分布が得られた後に，$\boldsymbol{\mu}$ の要素間の比較などは $\boldsymbol{\mu}$ の事後分布に基づいて行われる．例えば，レベル i とレベル j の平均の差を比較したいとき，$\mu_i - \mu_j$ の事後分布を $\boldsymbol{\mu}$ の事後分布から導くことができ，これもまた正規分布である．したがって，$\mu_i - \mu_j$ の信用区間や次のような事後確率

$$P(\mu_i > \mu_j \mid \boldsymbol{y}) = P(\mu_i - \mu_j > 0 \mid \boldsymbol{y})$$

の計算を事後分布に基づいて行うことができる．

5.6.4 分散が未知の場合

これまでの線形モデル

$$\boldsymbol{y} \sim N(\boldsymbol{x}\boldsymbol{\beta}, \sigma^2 \mathbb{I}_n)$$

において，共通の分散 σ^2 は既知であるという非現実的な仮定を置いた．実際のデータ解析では撹乱母数である σ^2 も推定する必要がある．デザイン行列 $\boldsymbol{x}$

がフルランク (full rank) の場合，頻度論の枠組みの中で，コクランの定理[*2)] (Cochran's Theorem) を用いて，σ^2 の推定量を構成することができる．平均2乗誤差を

$$S^2 = \frac{1}{n-p}(\boldsymbol{y} - \boldsymbol{x\beta})'(\boldsymbol{y} - \boldsymbol{x\beta}), \quad p = \dim \boldsymbol{\beta}$$

とすると，コクランの定理から

$$\frac{n-p}{\sigma^2} S^2 \sim \chi^2(n-p) \tag{5.43}$$

が直ちに導かれる．(5.43) 式における σ^2 を定数と見なすと，S^2 のみが確率変数である．χ^2 分布の期待値が自由度なので，(5.43) 式より

$$E(S^2) = \sigma^2 \tag{5.44}$$

となる．$\widehat{S}^2$ を，S^2 に含まれる未知のパラメータ $\boldsymbol{\beta}$ を最小2乗推定量 $\widehat{\boldsymbol{\beta}}$ で置き換えて得られるものとすれば，$\widehat{S}^2$ は σ^2 の近似的不偏推定量となる．

一方，ベイズ推論の枠組みでは，攪乱母数 σ^2 も $\boldsymbol{\beta}$ と同様に確率変数と見なし，その事前分布を適切に設定する必要がある．χ^2 分布に関する結果である (5.43) 式は σ^2 の事前分布の設定にもヒントを与えている．まず，σ^2 の事前推定値として σ_0^2 を決める．例えば，$\sigma_0^2 = \widehat{S}^2$ としてよい．次に，

$$\frac{\nu_0 \sigma_0^2}{\sigma^2} \sim \chi^2(\nu_0) \tag{5.45}$$

となるように，正の整数 ν_0 を決める．すなわち，係数 $\nu_0\sigma_0^2$ で調整した後の σ^2 の逆数が自由度 ν_0 の χ^2 分布に従うように σ^2 の事前分布を設定する．このと

---

*2) 線形モデルにおける多くの検定の根拠となっているコクランの定理は，正規性の下で一定の条件を満たす2次形式は互いに独立で χ^2 分布に従うことを述べている．具体的に次の条件 (A1)–(A3) を仮定する．

(A1) $X_1, \ldots, X_n$ は独立で標準正規分布に従う．

(A2) $\boldsymbol{X} = (X_1, \ldots, X_n)'$ とする．n 次の半正定値行列 $\boldsymbol{A}_i$ に対して，$Q_i = \boldsymbol{X}'\boldsymbol{A}_i\boldsymbol{X}$ とし，さらに次が成り立つ．

$$\sum_{i=1}^{n} X_i^2 = Q_1 + \cdots + Q_k$$

(A3) $\mathrm{rank}(A_i) = r_i$ として，$r_1 + \cdots + r_k = n$ が成り立つ．
このとき，次が成り立つ．

(i) $Q_1, \ldots, Q_k$ は互いに独立である．

(ii) Q_i は自由度 r_i の χ^2 分布 $\chi^2(r_i)$ に従う．

き，σ^2 は自由度 ν_0 の逆 χ^2 分布 (inverse chi-squared distribution) に従うという．自由度 k の逆 χ^2 分布の密度関数は

$$f(x) = \frac{1}{2^{\frac{k}{2}}\Gamma\left(\frac{k}{2}\right)} x^{-\frac{k}{2}-1} \exp\left(-\frac{1}{2x}\right), \quad x > 0$$

で与えられ，σ^2 の事前密度関数を $h(\sigma^2)$ とすると，

$$h(\sigma^2) \propto (\sigma^2)^{-\frac{\nu_0}{2}-1} \exp\left(-\frac{\nu_0\sigma_0^2}{2\sigma^2}\right), \quad \sigma^2 > 0 \tag{5.46}$$

となる．逆 χ^2 分布は逆ガンマ分布の特別な場合であり，密度関数は右に歪んだ分布となっている．$\nu_0 \to 0$ のとき，(5.46) 式の右辺は $1/\sigma^2$ に収束し，事前分布 $h(\sigma^2)$ は非正則となる．このとき，$\log(\sigma^2)$ が数直線上の非正則な一様分布となる．分散が未知のときのベイズ流線形モデルは次のようにまとめることができる．

 ベイズ流線形モデル (分散が未知の場合)

$$\boldsymbol{y}|\boldsymbol{\beta}, \sigma^2 \sim N(\boldsymbol{x\beta},\, \sigma^2\mathbb{I}_n) \tag{5.47}$$

$$\boldsymbol{\beta}|\lambda \sim N(\lambda\mathbb{1}_p,\, \tau^2\mathbb{I}_p) \tag{5.48}$$

$$h(\sigma^2) \propto (\sigma^2)^{-\frac{\nu_0}{2}-1} \exp\left(-\frac{\nu_0\sigma_0^2}{2\sigma^2}\right) \tag{5.49}$$

このときの尤度関数は

$$f(\boldsymbol{y}|\boldsymbol{\beta}, \sigma^2) = \left(\frac{1}{\sqrt{2\pi}\sigma}\right)^n \exp\left\{-\frac{1}{2\sigma^2}(\boldsymbol{y} - \boldsymbol{x\beta})'(\boldsymbol{y} - \boldsymbol{x\beta})\right\}$$

である．$\widehat{\boldsymbol{\beta}}$ を $\boldsymbol{\beta}$ の最小 2 乗推定量として，

$$\boldsymbol{y} - \boldsymbol{x\beta} = (\boldsymbol{y} - \boldsymbol{x}\widehat{\boldsymbol{\beta}}) + (\boldsymbol{x}\widehat{\boldsymbol{\beta}} - \boldsymbol{x\beta})$$

に注意すると，尤度関数は次のように書ける．

$$f(\boldsymbol{y}|\boldsymbol{\beta}, \sigma^2) = \left(\frac{1}{\sqrt{2\pi}\sigma}\right)^n \exp\left[-\frac{1}{2\sigma^2}\left\{(n-p)S^2 + (\boldsymbol{\beta} - \widehat{\boldsymbol{\beta}})'(\boldsymbol{x}'\boldsymbol{x})(\boldsymbol{\beta} - \widehat{\boldsymbol{\beta}})\right\}\right]$$

この式に $\boldsymbol{\beta}$ の事前密度関数と σ^2 の事前密度関数を掛け合わせると，$\boldsymbol{\beta}$ と σ^2 の同時事後密度関数 $h(\boldsymbol{\beta}, \sigma^2|\boldsymbol{y})$ が得られる．$\boldsymbol{\beta}$ と σ^2 を含まない定数を除くと，同時事後密度関数は次のようになる．

$$h(\boldsymbol{\beta},\sigma^2|\boldsymbol{y}) \propto (\sigma^2)^{-\frac{n+\nu_0}{2}-1} \exp\left\{-\frac{1}{2\sigma^2}(n+\nu_0)\sigma_n^2\right\}$$
$$\times\,\sigma^{-p} \exp\left\{-\frac{1}{2}(\boldsymbol{\beta}-\widetilde{\boldsymbol{\beta}})'\widetilde{\boldsymbol{\Sigma}}^{-1}(\boldsymbol{\beta}-\widetilde{\boldsymbol{\beta}})\right\} \tag{5.50}$$

ただし，$\widetilde{\boldsymbol{\beta}}$ と $\widetilde{\boldsymbol{\Sigma}}$ は分散が既知のときの $\boldsymbol{\beta}$ の事後平均と事後分散共分散行列と同一のものであり，すなわち，

$$\widetilde{\boldsymbol{\beta}} = \widetilde{\boldsymbol{\Sigma}}\left(\frac{1}{\sigma^2}\boldsymbol{x}'\boldsymbol{y} + \frac{\lambda}{\tau^2}\mathbb{1}_p\right), \quad \widetilde{\boldsymbol{\Sigma}} = \left(\frac{1}{\sigma^2}\boldsymbol{x}'\boldsymbol{x} + \frac{1}{\tau^2}\mathbb{I}_p\right)^{-1}$$

である．また，$(n+\nu_0)\sigma_n^2$ は次で与えられる量である．

$$(n+\nu_0)\sigma_n^2 = \nu_0\sigma_0^2 + (n-p)S^2 + \frac{\sigma^2}{\tau^2}(\lambda\mathbb{1}_p - \widetilde{\boldsymbol{\beta}})'(\lambda\mathbb{1}_p - \widetilde{\boldsymbol{\beta}}) + (\widehat{\boldsymbol{\beta}} - \widetilde{\boldsymbol{\beta}})'\boldsymbol{x}'\boldsymbol{x}(\widehat{\boldsymbol{\beta}} - \widetilde{\boldsymbol{\beta}})$$

(5.50) 式における事後密度関数は逆 χ^2 分布と正規分布の積に分解されていることに注意する．正規分布の部分は前項までに述べた σ^2 が既知のときの $\boldsymbol{\beta}$ の事後分布と一致する．(5.50) 式を σ^2 に対して積分すれば，$\boldsymbol{\beta}$ の周辺事後分布 $h(\boldsymbol{\beta}|\boldsymbol{y})$ が得られる．$h(\boldsymbol{\beta}|\boldsymbol{y})$ が多変量 t 分布であることが知られている (Seber and Lee, 2003, pp.74–76).

5.6.5 非正則事前分布と頻度論との接点

ここで前項の議論を踏まえて，σ^2 と $\boldsymbol{\beta}$ の事前分布が共に非正則な場合についての考察を与える．σ^2 の事前分布は逆 χ^2 分布であり，$\nu_0 \to 0$ のとき，

$$h(\sigma^2) \propto \frac{1}{\sigma^2}$$

となり，$\log(\sigma^2)$ は $\mathbb{R}$ 上の非正則一様分布となる．一方，$\boldsymbol{\beta}$ の事前分布は

$$\boldsymbol{\beta}|\lambda \sim N(\lambda\mathbb{1}_p,\, \tau^2\mathbb{I}_p)$$

であり，$\tau^2 \to \infty$ のとき $\boldsymbol{\beta}$ の非正則拡散事前分布が得られる．このとき，前項の (5.50) 式の右辺の第 2 項を規格化したものを $h(\boldsymbol{\beta}|\widehat{\boldsymbol{\beta}},\, \sigma^2)$ とすれば，$\tau^2 \to \infty$ のとき，

$$\widetilde{\boldsymbol{\beta}} \to \widehat{\boldsymbol{\beta}}, \quad \widetilde{\boldsymbol{\Sigma}}^{-1} \to (\boldsymbol{x}'\boldsymbol{x})^{-1}\sigma^2$$

となり，$h(\boldsymbol{\beta}|\widehat{\boldsymbol{\beta}},\, \sigma^2)$ は正規分布 $N(\widehat{\boldsymbol{\beta}},\, (\boldsymbol{x}'\boldsymbol{x})^{-1}\sigma^2)$ に近づく．通常の線形モデルにおける最小 2 乗推定量 $\widehat{\boldsymbol{\beta}}$ の分布は

$$\widehat{\boldsymbol{\beta}} \sim N\left(\boldsymbol{\beta}, (\boldsymbol{x}'\boldsymbol{x})^{-1}\sigma^2\right) \tag{5.51}$$

なので，$\boldsymbol{\beta}$ の事前分布が非正則な場合の $\boldsymbol{\beta}$ の事後分布は (5.51) 式の中の $\boldsymbol{\beta}$ を $\widehat{\boldsymbol{\beta}}$ で置き換えたものとなっている．また (5.50) 式の右辺の第 1 項の $h(\sigma^2|S^2)$ は逆 χ^2 分布となり，

$$\frac{(n-p)S^2}{\sigma^2} \sim \chi^2(n-p) \tag{5.52}$$

となる．ただし，(5.52) 式では S^2 は定数で σ^2 が確率変数である．頻度論の場合においても (5.52) 式と形式的に同じ式が得られていたが，そこでは σ^2 が定数で S^2 が確率変数であった．

非正則事前分布を用いた場合の $\boldsymbol{\beta}$ の周辺事後分布は，$\boldsymbol{\beta}$ と σ^2 の同時事後分布 $h(\boldsymbol{\beta},\sigma^2|\boldsymbol{y})$ を σ^2 について積分すれば，

$$\begin{aligned} h(\boldsymbol{\beta}|\boldsymbol{y}) &= \int h(\boldsymbol{\beta},\sigma^2|\boldsymbol{y})\,d\sigma^2 \\ &\propto \left\{1 + \frac{(\boldsymbol{\beta}-\widehat{\boldsymbol{\beta}})'(\boldsymbol{x}'\boldsymbol{x})(\boldsymbol{\beta}-\widehat{\boldsymbol{\beta}})}{(n-p)S^2}\right\}^{-n/2} \end{aligned} \tag{5.53}$$

となることが確認できるが，詳細は演習問題として読者に任せる．分布 (5.53) は自由度 $n-p$ の多変量 t 分布として知られている．$n-p>2$ のとき，$\boldsymbol{\beta}$ の事後平均と事後分散共分散行列は

$$E(\boldsymbol{\beta}|\boldsymbol{y}) = \widehat{\boldsymbol{\beta}}, \quad \mathrm{Cov}(\boldsymbol{\beta}|\boldsymbol{y}) = \frac{n-p-2}{n-p}S^2(\boldsymbol{x}'\boldsymbol{x})^{-1}$$

となる．

多変量 t 分布 $h(\boldsymbol{\beta}|\boldsymbol{y})$ から成分 β_j の事後分布を導くことができる．$\widehat{\beta}_j$ を β_j の最尤推定量とし，$p\times p$ の対称行列 $(\boldsymbol{x}'\boldsymbol{x})^{-1}$ の j 番目の対角要素を $(\boldsymbol{x}'\boldsymbol{x})^{-1}_{jj}$ とすると，

$$t_j = \frac{\beta_j - \widehat{\beta}_j}{S(\boldsymbol{x}'\boldsymbol{x})^{-1}_{jj}} \sim t(n-p) \tag{5.54}$$

が成り立つことが知られている．すなわち，t_j は自由度 $n-p$ の t 分布に従う．(5.54) 式における β_j を 0 とおくと，仮説 $H_0: \beta_j = 0$ を検定するときの頻度論における古典的検定統計量が得られる．事後分布 (5.54) に基づく β_j の信用区間も頻度論における信頼区間と一致する．しかし，このときのそれぞれの区間

の解釈は異なる．ベイズ論では，データが得られた後に，β_j の事前分布が事後分布に更新され，確率変数としての β_j が信用区間に含まれる確率が被覆確率となる．一方，信頼区間の場合，仮想的に標本抽出が無限に繰り返されるとし，未知の定数 β_j がランダムな信頼区間に含まれる確率が被覆確率となる．データが実際に抽出された後，信頼区間は未知の定数 β_j を含むか含まないかのどちらかであるので，頻度論的アプローチが難解であることは言うまでもない．

5.7 R を用いたベイズ流線形モデルの解析例

MCMCpack パッケージにある MCMCregress() 関数を用いて，ベイズ流線形モデルの当てはめを lm() 関数のように手軽に行うことができる．モデルの指定なども基本的に lm() 関数と同じである．MCMCregress() 関数のデフォルトでは非正則事前分布を使用する．この節では 2.6 節で用いたスコットランド・ヒル・ランニング・データを利用し，ベイズ流線形モデルによるデータ解析の実際を解説する．まず交互作用モデルに非正則事前分布を適用した場合のベイズ流線形モデルを当てはめてみよう．

```
1 # マルコフ連鎖モンテカルロ法パッケージ
2 library(MCMCpack)
3 # 乱数の種を指定
4 set.seed(314)
5 # 交互作用モデルに非正則事前分布を用いる
6 improper <- MCMCregress(time ~ climb + distance + climb*distance, data=
      ScotsRaces.dat)
```

MCMCregress() の出力の結果を summary() 関数で確認することができ，事後分布の平均や標準偏差，分位点などの情報が得られる．

```
> summary(improper)

Iterations = 1001:11000
Thinning interval = 1
Number of chains = 1
Sample size per chain = 10000
```

```
1. Empirical mean and standard deviation for each variable,
   plus standard error of the mean:

                  Mean      SD Naive SE Time-series SE
(Intercept)    -0.7685  4.0447 0.040447       0.040447
climb           3.7122  2.4652 0.024652       0.024652
distance        4.9618  0.4893 0.004893       0.004893
climb:distance  0.6601  0.1816 0.001816       0.001816
sigma2         57.2660 15.4616 0.154616       0.176149

2. Quantiles for each variable:

                  2.5%     25%     50%     75%  97.5%
(Intercept)    -8.5301 -3.4550 -0.7699  1.8337  7.354
climb          -1.1740  2.1160  3.7379  5.3480  8.506
distance        3.9886  4.6469  4.9636  5.2840  5.914
climb:distance  0.3071  0.5419  0.6599  0.7772  1.026
sigma2         34.5899 46.1902 54.8956 65.7119 94.320
```

`MCMCregress()` は mcmc オブジェクト (object) を生成する．このオブジェクトを用いてさまざまな分析が可能である．実際，mcmc オブジェクトに基づいたさまざまな図を描くためのパッケージ `mcmcplots` が開発されている．ここでこのパッケージを用いて信用区間を求めてみよう．出力は図 5.1 である．太く短い区間は 68% の信用区間，細く長い区間は 95% の信用区間に対応している．信用区間の中央の点は事後平均を示している．

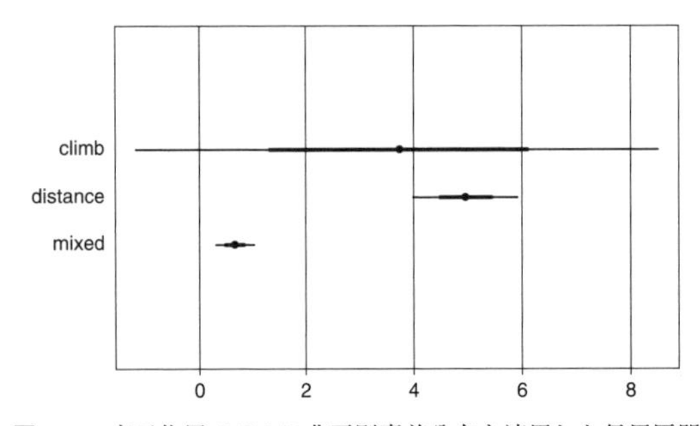

図 5.1 交互作用モデルに非正則事前分布を適用した信用区間

```
1 # 交互作用モデルに非正則事前分布を適用
2 improper <- MCMCregress(time ~ climb + distance + climb*distance, data=
     ScotsRaces.dat)
3 # mcmc objectに基づくパッケージ
4 library(mcmcplots)
5 # 確信区間を重ねて描く
6 caterplot(improper, "climb", collapse=TRUE, cat.shift= 0.3)
7 caterplot(improper, "distance", collapse=TRUE, add=TRUE, cat.shift=0)
8 caterplot(improper, "climb:distance", collapse=TRUE, add=TRUE, labels= "
     mixed",cat.shift=-0.3)
```

一方，正則事前分布を指定する場合には，次のようにして事前分布における各種のパラメータの値を指定する必要がある．

```
1 # 正則事前分布に基づくベイズ線形モデル
2 informative <- MCMCregress(time ~ climb + distance + climb*distance, b0 =
     0, B0 = 0.1, c0 = 2, d0 = 0.11, marginal.likelihood = "Chib95", data=
     ScotsRaces.dat)
```

上の b0，B0 は β の事前平均と精度，c0，d0 は σ^2 の事前分布を規定するパラメータである．より具体的に各パラメータの意味は以下の通りである．

$$
\begin{aligned}
&y_i = \boldsymbol{x}_i'\boldsymbol{\beta} + \epsilon_i\,, \quad \epsilon_i \sim N(0, \sigma^2) \\
&\boldsymbol{\beta} \sim N(b_0,\, B_0^{-1}), \quad \frac{1}{\sigma^2} \sim \mathrm{Gamma}\left(\frac{c_0}{2}, \frac{d_0}{2}\right)
\end{aligned}
$$

次のようにして denoverplot() 関数を用いて，異なる MCMC シミュレーションから共通のパラメータの事後密度関数を比較することができる．

```
1 # 非正則事前分布と正則事前分布との比較
2 denoverplot(improper, informative)
```

得られた図 5.2 を確認すると，正則事前分布に基づくパラメータの事後密度関数は非正則事前分布に基づくものに比べて裾が軽く，密度関数がより「集中」していることわかる．

次のプログラムは主効果のみのモデルと交互作用ありのモデルの比較を行っている．いずれも非正則事前分布を用いている．この出力は図 5.3 である．交互作用ありのモデルにおける climb と distance の事後分布は主効果のみのモ

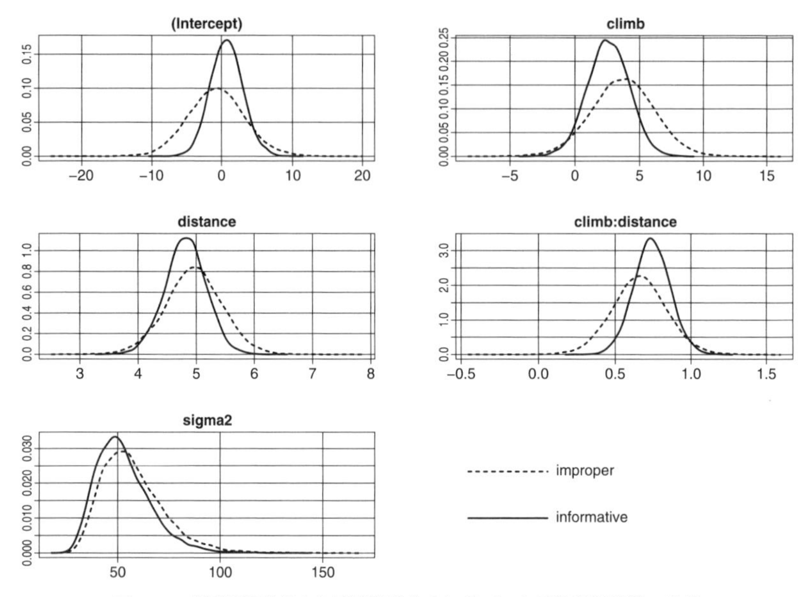

図 5.2　非正則事前分布と正則事前分布に基づいた事後密度関数の比較

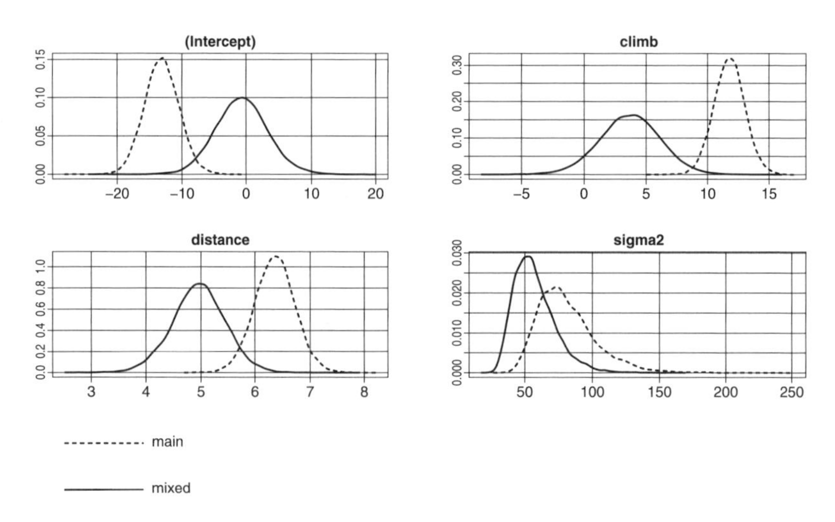

図 5.3　主効果モデルと交互作用モデルに非正則事前分布を適用したときの事後密度関数

デルの対応する事後分布に比べていずれもばらつきが大きく，また分布が左に寄っている．一方，交互作用モデルの切片の事後分布は主効果のみのモデルの対応する事後分布の右の方に大きくずれている．

```
1  set.seed(314)
2  # 主効果のみのモデル
3  main <- MCMCregress(time ~ climb + distance, data=ScotsRaces.dat)
4  # 交互作用ありのモデル
5  mixed <- MCMCregress(time ~ climb + distance + climb*distance, data=
       ScotsRaces.dat)
6  # 密度関数の比較
7  denoverplot(main, mixed)
```

MCMC シミュレーションを行うときにマルコフ連鎖の収束性の診断が重要である．mcmcplot1() 関数を使えば，トレースプロット (trace plot)，密度関数プロット (density plot)，自己相関プロット (autocorrelation plot)，移動平均プロット (running mean plot) の 4 種類の診断図が出力される．以下のプログラムによって出力されたのが図 5.4–図 5.7 である．これらの図からマルコフ連鎖が収束していく様子を確認できる．マルコフ連鎖の収束診断図の見方についてまとめておこう．

```
1  # 収束性の診断図
2  set.seed(314)
3  # 正則事前分布を用いた交互作用モデル
4  informative.mixed <- MCMCregress(time ~ climb + distance + climb*distance,
       b0 = 0, B0 = 0.1, c0 = 2, d0 = 0.11, data=ScotsRaces.dat)
5  # 登り (climb)に対応するパラメータ
6  mcmcplot1(informative.mixed[, "climb", drop=FALSE])
7  # 距離 (distance)に対応するパラメータ
8  mcmcplot1(informative.mixed[, "distance", drop=FALSE])
9  # 登りと距離の交互作用に対応するパラメータ
10 mcmcplot1(informative.mixed[, "climb:distance", drop=FALSE])
11 # 誤差分散に対応するパラメータ
12 mcmcplot1(informative.mixed[, "sigma2", drop=FALSE])
```

マルコフ連鎖の収束診断図

- トレースプロット (trace plot)

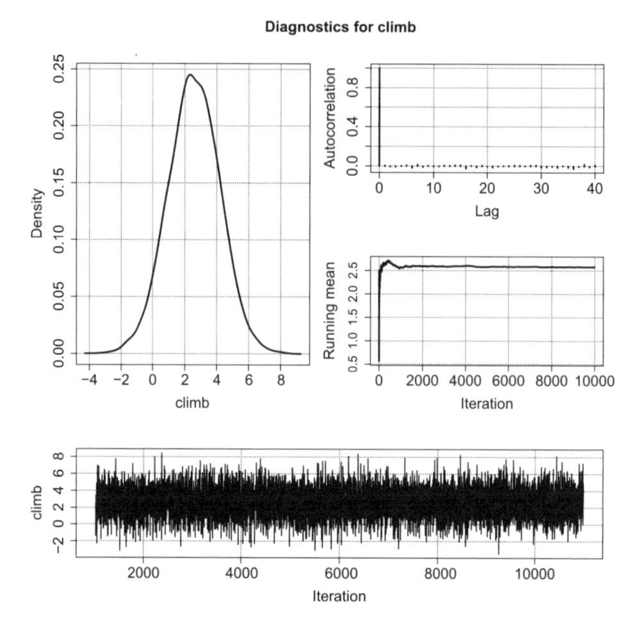

図 5.4 登り (climb) に対応する係数のマルコフ連鎖の収束性診断

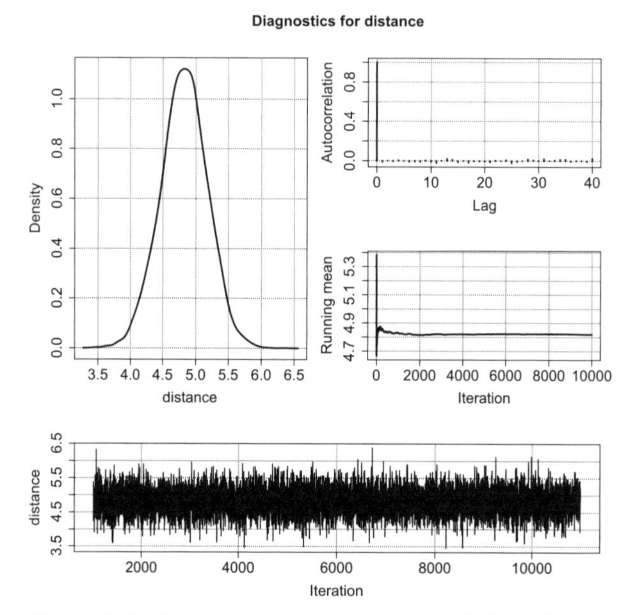

図 5.5 距離 (distance) に対応する係数のマルコフ連鎖の収束性診断

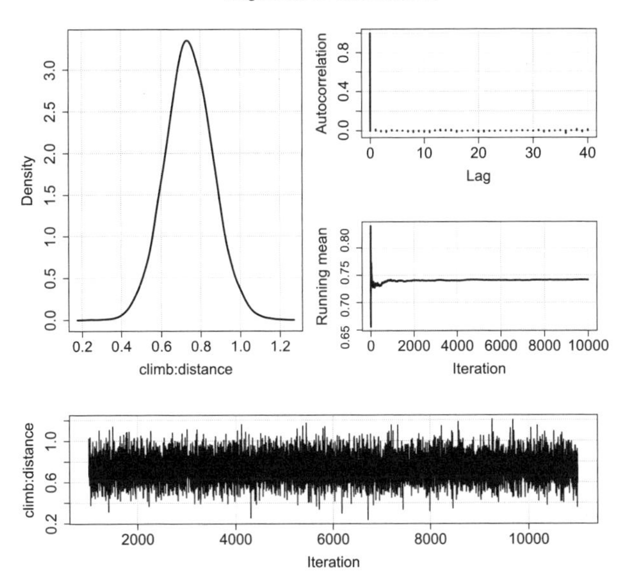

図 5.6 登りと距離の交互作用に対応する係数のマルコフ連鎖の収束性診断

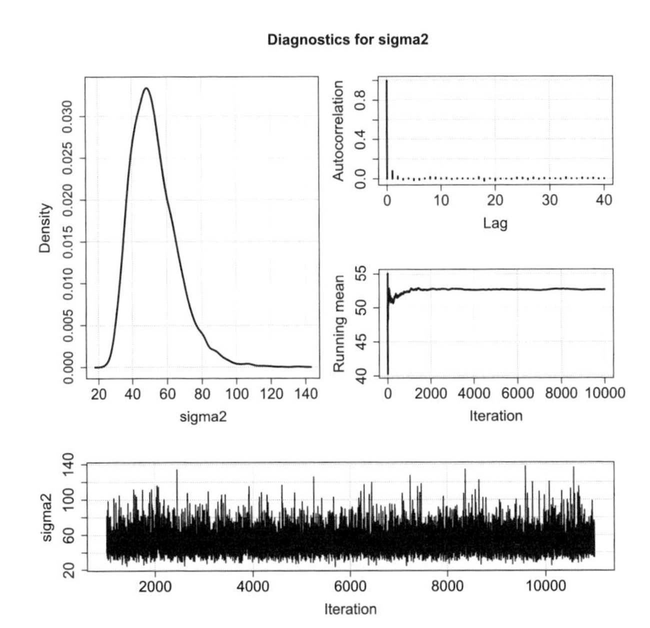

図 5.7 誤差分散に対応する係数のマルコフ連鎖の収束性診断

横軸に繰り返し回数，縦軸に対応するパラメータの値を図にしたものである．もしパラメータの値がパラメータ空間のいくつかの領域に落ちてしまって，動かなくなった場合，悪い収束性を示唆する．

- 移動平均プロット (running mean plot)
横軸に繰り返し回数，縦軸にその時点までの自己平均を示すグラフである．良い収束が得られているときの移動平均は安定的である．
- 自己相関プロット (autocorrelation plot)
横軸にラグ (lag) を，縦軸にマルコフ連鎖の自己相関を図にしたものである．ラグ k の自己相関は

$$\rho_k = \frac{\sum_{i=1}^{n-k}(x_i - \bar{x})(x_{i+k} - \bar{x})}{\sum_{i=1}^{n}(x_i - \bar{x})^2}$$

で定義されるものである．k が増えるにつれて，ρ_k が 0 に近づくことを期待する．それは，マルコフ連鎖が目標分布に収束しているとすれば，例えば，3 番目の値と 30 番目の値の相関が 3 番目の値と 5 番目の値よりも小さくなることを期待するからである．

ベイズ因子は周辺分布に基づいて計算される．`MCMCregress()` 関数には 2 種類の方法に基づく周辺尤度の計算法が用意されている．1 つは Chib の方法 (Chib, 1995) である．もう 1 つはラプラス近似 (Laplace approximation) (Tierney and Kadane (1986) を参照) による方法である．ただし，非正則事前分布を用いる場合，ベイズ因子の計算はできないことに注意する．以下のプログラムでは Chib の方法により主効果モデルと交互作用モデル，すなわち

- モデル (1): `time` = `climb` + `distance`
- モデル (2): `time` = `climb` + `distance` + `climb` × `distance`

の周辺尤度を計算し，ベイズ因子を求めている．

```
1 set.seed(314)
2 main <- MCMCregress(time ~ climb + distance, b0 = 0, B0 = 0.1, c0 = 2, d0
      = 0.11, marginal.likelihood = "Chib95",data=ScotsRaces.dat)
3 mixed <- MCMCregress(time ~ climb + distance + climb*distance, b0 = 0, B0
      = 0.1, c0 = 2, d0 = 0.11, marginal.likelihood = "Chib95", data=
      ScotsRaces.dat)
```

```
4 BF.chib <- BayesFactor(main, mixed)
```

次に示すのは BayesFactor() の計算結果の要約である．出力にはベイズ因子とベイズ因子の自然対数を示している．この場合交互作用モデルと主効果モデルのベイズ因子の値が 150 を超えているので，Kass and Raftery (1995) の基準によれば交互作用モデルが非常に強く支持される．

```
> summary(BF.chib)
The matrix of Bayes Factors is:
          main    mixed
main         1 7.16e-07
mixed 1396626 1.00e+00

The matrix of the natural log Bayes Factors is:
      main mixed
main   0.0 -14.1
mixed 14.1   0.0

There is very strong evidence to support mixed over
all other models considered.


Strength of Evidence Guidelines
(from Kass and Raftery, 1995, JASA)
@@@@@@@@@@@@@@@@@@@@@@@@@@@@@@@@@@@@@@@@@@@@@@@@@@@@@@@@@@@@
2log(BF[i,j])       BF[i,j]         Evidence Against Model j
------------------------------------------------------------
  0 to 2            1 to 3            Not worth more than a
                                           bare mention
  2 to 6            3 to 20           Positive
  6 to 10           20 to 150         Strong
  >10               >150              Very Strong
@@@@@@@@@@@@@@@@@@@@@@@@@@@@@@@@@@@@@@@@@@@@@@@@@@@@@@@@@@@@


 main :
   call =
MCMCregress(formula = time ~ climb + distance, data = ScotsRaces.dat,
    b0 = 0, B0 = 0.1, c0 = 2, d0 = 0.11, marginal.likelihood = "Chib95")
```

```
  log marginal likelihood =  -148.776


 mixed :
  call =
MCMCregress(formula = time ~ climb + distance + climb * distance,
    data = ScotsRaces.dat, b0 = 0, B0 = 0.1, c0 = 2, d0 = 0.11,
    marginal.likelihood = "Chib95")

  log marginal likelihood =  -134.6265
```

5.8 ベイズ流一般化線形モデル

前節までに見てきたように，ベイズ流線形モデルを適用したとき，回帰パラメータの事後分布の平均が事前分布の平均の方向に最尤推定量を縮小させている．この特徴はベイズ流一般化線形モデルに拡張しても同様に見られる．ベイズ的考えを一般化線形モデルに拡張した場合，$\boldsymbol{\beta}$ の事前分布として通常は平均が $\mathbf{0}$ で大きな分散をもつ正規分布

$$\boldsymbol{\beta} \sim N(\mathbf{0}, \sigma^2 \mathbb{I}_p) \tag{5.55}$$

を採用する．(5.55) 式のように $\boldsymbol{\beta}$ の各要素を同じスケールで比較するため，あらかじめ共変量の標準化を行うことが前提となっている．t 分布，特に自由度 1 の t 分布であるコーシー分布の裾が正規分布の裾よりも重いことから，正規分布の代わりに事前分布として採用することも考えられる (Gelman et al., 2008).

この節ではベイズ的ポアソンモデルとベイズ的ロジスティックモデルについての解説を行う．またパッケージ MCMCpack を利用して 3.9 節で通常の解析を行ったタイタニック・データをベイズ的観点から再解析する．パッケージ MCMCpack では MCMCpoisson() 関数を用いてポアソンモデルの事後分布からの標本抽出を行う．一方，ロジスティックモデルの事後分布からの標本抽出は MCMClogit() 関数が利用される．この 2 つの関数はそれぞれ次のモデルに基づいている．まず，MCMCpoisson() 関数が利用するベイズ的ポアソンモデルについて説明をしよう．

ベイズ的ポアソンモデル

- ポアソンモデル

$$y_i \mid \boldsymbol{x}_i \sim \mathrm{Po}(\mu_i), \quad \mu_i = \exp\left(\boldsymbol{x}_i'\boldsymbol{\beta}\right) \tag{5.56}$$

- 事前分布

$$\boldsymbol{\beta} \sim N\left(b_0, B_0^{-1}\right) \tag{5.57}$$

このときのメトロポリス提案分布の中心は $\boldsymbol{\beta}$ の現在の値で，分散共分散行列は

$$\boldsymbol{V} = \boldsymbol{T}\left(\boldsymbol{B}_0 + \boldsymbol{C}^{-1}\right)^{-1}\boldsymbol{T} \tag{5.58}$$

である．ただし，$\boldsymbol{T}$ はメトロポリスチューニングパラメータ `tune` で決定される正定値対角行列，$\boldsymbol{B}_0$ は事前精度，$\boldsymbol{C}$ は `glm()` を通して得られる最尤推定量の漸近分散共分散行列である．$\boldsymbol{B}_0 = 0$ のとき，$\boldsymbol{V} = \boldsymbol{TCT}$ となる．

次に，`MCMClogit()` 関数が利用するベイズ的ロジスティックモデルについてまとめよう．

ベイズ的ロジスティックモデル

- 2 項分布モデル

$$y_i \mid \boldsymbol{x}_i \sim \mathrm{Bi}(m_i, \pi_i), \quad \pi_i = \frac{\exp(\boldsymbol{x}_i'\boldsymbol{\beta})}{1 + \exp(\boldsymbol{x}_i'\boldsymbol{\beta})} \tag{5.59}$$

- 事前分布

$$\boldsymbol{\beta} \sim N\left(b_0, B_0^{-1}\right) \tag{5.60}$$

このときのメトロポリス提案分布はベイズ的ポアソンモデルの場合のそれと全く同じである．`MCMCpoisson()` 関数と `MCMClogit()` 関数のデフォルト事前分布は多変量正規分布であるが，オプション `user.prior.density` を用いて，任意の事前分布を設定することができる．このとき定数を無視した対数密度関数を与えればよい．対数密度関数の 1 番目の引数は連続変数である必要がある．この変数は状態空間の点を表し，この点において事前対数密度関数が評価される．例えば，自由度 n の t 分布を事前分布として設定することができる．自由度 n の t 分布の密度関数は

$$f(t) = \frac{1}{\sqrt{n}\,\mathrm{B}\,(n/2,\,1/2)}\left(1+\frac{t^2}{n}\right)^{-\frac{1+n}{2}}$$

で，$n=1$ のときにはコーシー分布となる．t 分布を事前分布として使用するためには，次のように R の関数を定義する．

```
1  # t 分布を事前分布として定義する
2  myprior <- function(x, df){sum(dt(x, df=df, log=TRUE))}
```

実際のデータ解析における MCMCpoisson() 関数と MCMClogit() 関数の適用は基本的に同じであるため，ここでは 3.9 節で取り上げた客船タイタニックの遭難データに MCMClogit() 関数を適用し，ベイズ的観点からの再解析を行う．まず 3.9 節で step() 関数により選ばれた最適モデルに非正則事前分布を適用してみよう．得られた結果は次の通りである．

```
> # 非正則事前分布に基づくベイス的ロジスティックモデル
> require(MCMCpack)
> set.seed(314159)
> improper <- MCMClogit(survived ~ sex + age + sibsp + pclass,
    data=titanic.data)
> summary(improper)

Iterations = 1001:11000
Thinning interval = 1
Number of chains = 1
Sample size per chain = 10000

1. Empirical mean and standard deviation for each variable,
   plus standard error of the mean:

                Mean       SD  Naive SE Time-series SE
(Intercept)  5.05408 0.437595 4.376e-03      0.0181532
sexmale     -2.59237 0.171193 1.712e-03      0.0069640
age         -0.03938 0.006572 6.572e-05      0.0002654
sibsp       -0.32435 0.099095 9.909e-04      0.0041773
pclass      -1.16961 0.115398 1.154e-03      0.0048458

2. Quantiles for each variable:

                2.5%      25%      50%      75%    97.5%
```

```
(Intercept)  4.22180  4.7472  5.04555  5.33525  5.92747
sexmale     -2.92091 -2.7070 -2.59865 -2.47778 -2.23401
age         -0.05233 -0.0440 -0.03915 -0.03495 -0.02659
sibsp       -0.51432 -0.3906 -0.32549 -0.25193 -0.13456
pclass      -1.41137 -1.2454 -1.16795 -1.09400 -0.95206
```

各パラメータの事後平均は，3.9 節の通常のロジスティックモデルにおける結果と非常に近い結果が得られている．切片以外のパラメータの事後平均は通常のロジスティックモデルのそれぞれのパラメータの最尤推定量より若干小さくなっている．非正則事前分布を用いているため，パラメータの事後分布の標準偏差には最尤推定量のそれとの差はほとんど見られない．

この場合の信用区間もベイズ流線形モデルの場合と同様に次のようにして得ることができる．

```
1  # 非正則事前分布による信用区間
2  require(MCMCpack)
3  library(mcmcplots)
4  set.seed(314159)
5  improper <- MCMClogit(survived ~ sex + age + sibsp + pclass, data=
       titanic.data)
6  # 信用区間を重ねて表示
7  caterplot(improper, "sexmale", collapse=TRUE, val.lim=c(-3,0.1),cat.shift=
       0.6, labels="male")
8  caterplot(improper, "age", collapse=TRUE, add=TRUE, cat.shift=0.3)
9  caterplot(improper, "sibsp", collapse=TRUE, add=TRUE, cat.shift=0)
10 caterplot(improper, "pclass", collapse=TRUE, add=TRUE, cat.shift=-0.3)
```

得られた図 5.8 では性別 (男性) に対応する係数の信用区間が最も長いことが一目瞭然である．この区間は負の領域にあり，性別 (男性) が著しく生存率を低下させる要因となる．また年齢が生存にほとんど影響を与えていないことも図 5.8 から読み取れる．信用区間の読み方の詳細については前節を参照されたい．

次のように denoverplot() 関数を用いて，2 つの MCMC シミュレーションから共通のパラメータの事後密度関数を比較することができる．

```
1  # 異なる事前分布に基づく事後密度関数の比較
2  # 非正則事前分布
3  improper <- MCMClogit(survived ~ sex + age + sibsp + pclass, data=
```

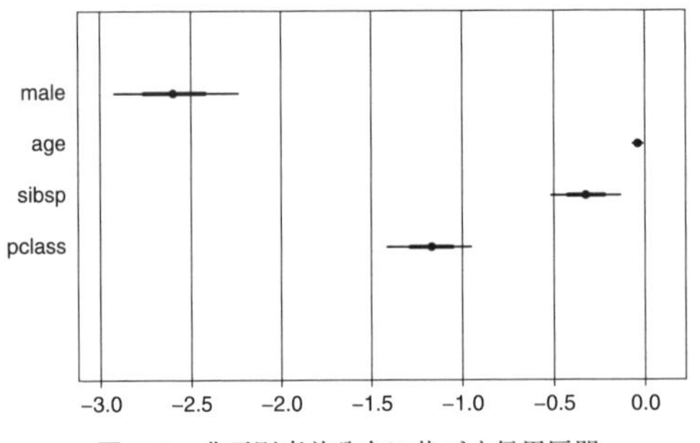

図 5.8　非正則事前分布に基づく信用区間

```
     titanic.data)
4  # 正則事前分布
5  informative <- MCMClogit(survived ~ sex + age + sibsp + pclass, b0=0, B0
     =.01, data=titanic.data)
6  # コーシー事前分布
7  Cauchy <- MCMClogit(survived ~ sex + age + sibsp + pclass, data=
     titanic.data, user.prior.density=myprior,logfun=TRUE, df=1)
8  # 自由度 5 の t 分布
9  t.5 <- MCMClogit(survived ~ sex + age + sibsp + pclass, data=
     titanic.data, user.prior.density=myprior,logfun=TRUE, df=5)
10 # 非正則対正則事前分布
11 denoverplot(improper, informative,mar=c(5, 4, 2, 4) + 0.1, lty=c(2,1))
12 # コーシー対 t 分布
13 denoverplot(Cauchy, t.5, mar=c(5, 4, 2, 4) + 0.1, lty=c(2,1))
14 # 非正則対コーシー事前分布
15 denoverplot(improper, Cauchy,mar=c(5, 4, 2, 4) + 0.1, lty=c(2,1))
```

得られた事後密度関数は図 5.9–図 5.11 である。事前精度 $B_0 = .01$ とした場合の正則事前分布に基づく事後密度関数は非正則な場合の事後密度関数とほとんど変わらない．一方，切片以外のパラメータの事後分布を見ると，非正則事前分布，コーシー事前分布，自由度 5 の t 事前分布の順に，事前情報が増えるにつれて事後分布は右の方にシフトしている様子が窺える．

コーシー事前分布を採用した場合の MCMC シミュレーションにおけるマルコフ連鎖の収束性に関する診断グラフは図 5.12–図 5.15 で示している．これらの図は次のプログラムによるものである．

```
1  # マルコフ連鎖の収束性の診断図
2  set.seed(314159)
```

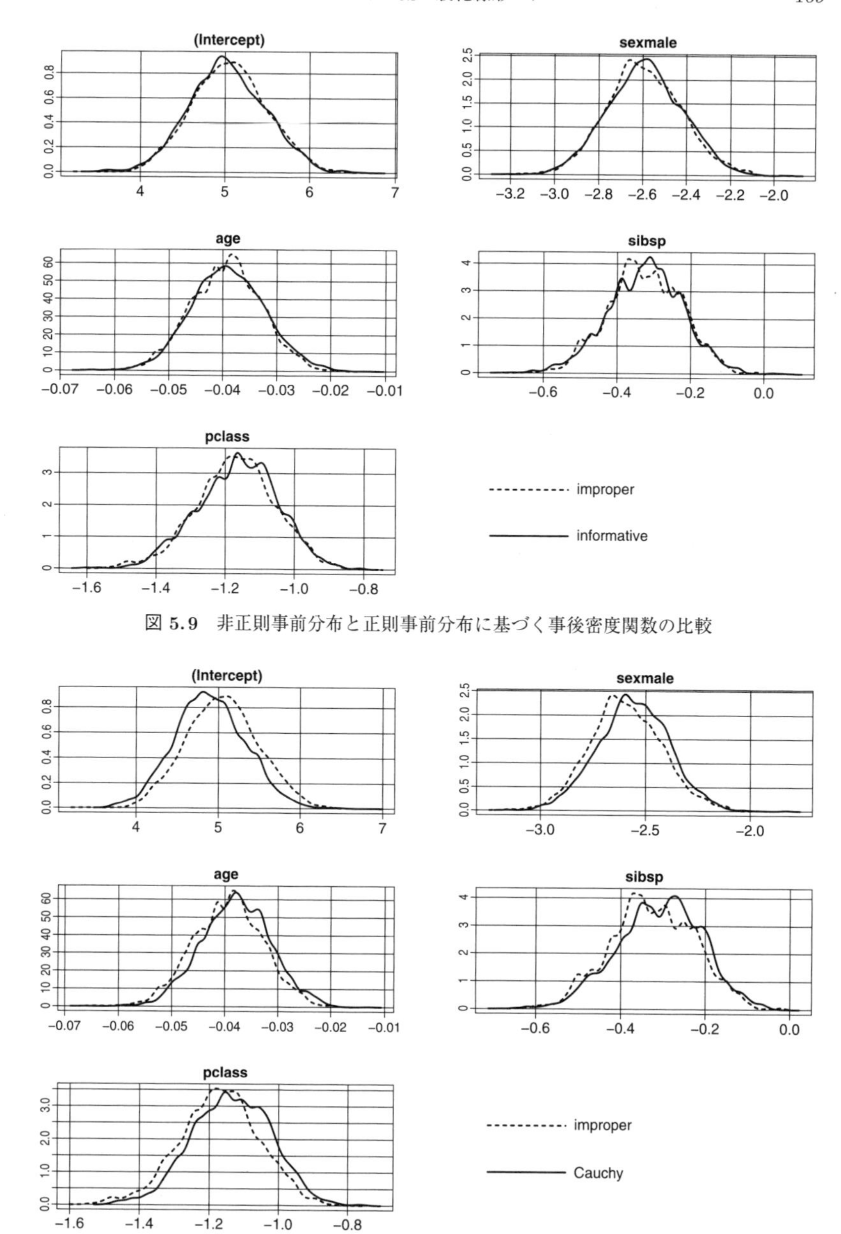

図 5.9　非正則事前分布と正則事前分布に基づく事後密度関数の比較

図 5.10　非正則事前分布とコーシー事前分布に基づく事後密度関数の比較

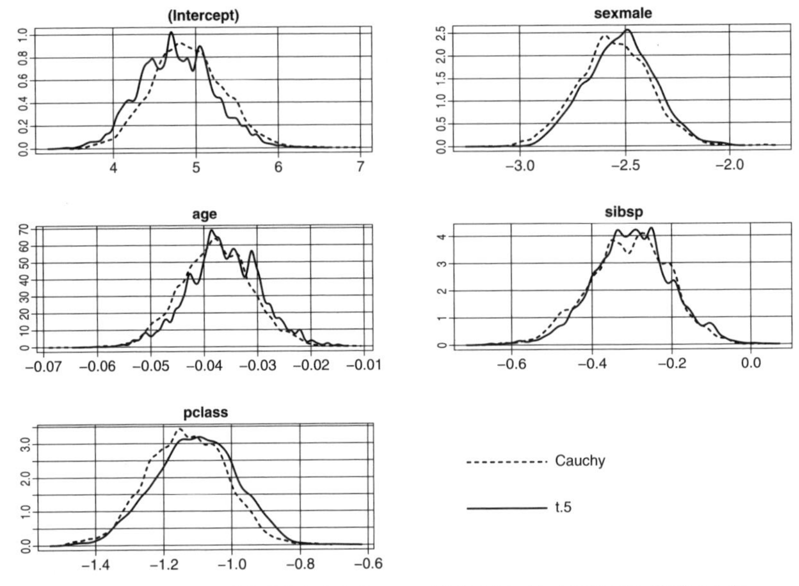

図 **5.11** コーシー事前分布と自由度 5 の t 事前分布に基づく事後密度関数の比較

```
3  # コーシー事前分布
4  Cauchy <- MCMClogit(survived ~ sex + age + sibsp + pclass, data=
       titanic.data, user.prior.density=logpriorfun, logfun=TRUE, df=1)
5  # 性別（男性）に対応するパラメータ
6  mcmcplot1(Cauchy[, "sexmale", drop=FALSE])
7  # 年齢に対応するパラメータ
8  mcmcplot1(Cauchy[, "age", drop=FALSE])
9  # 兄弟数に対応するパラメータ
10 mcmcplot1(Cauchy[, "sibsp", drop=FALSE])
11 # 等級に対応するパラメータ
12 mcmcplot1(Cauchy[, "pclass", drop=FALSE])
```

全ての図においてマルコフ連鎖が収束していく様子を確認できる．マルコフ連鎖の診断図の詳しい説明に関しては前節を参照してほしい．

最後にベイズ因子を計算しよう．この場合事前分布として正規分布を採用し，周辺尤度はラプラス近似 (Tierney and Kadane, 1986) に基づいて計算される．非正則な事前分布を採用する場合には周辺尤度の計算はできないことに注意する．またユーザーが設定した事前分布を採用した場合にも周辺尤度を計算できないのが残念な点である．以下では 3 種類のモデルに対してベイズ的ロジ

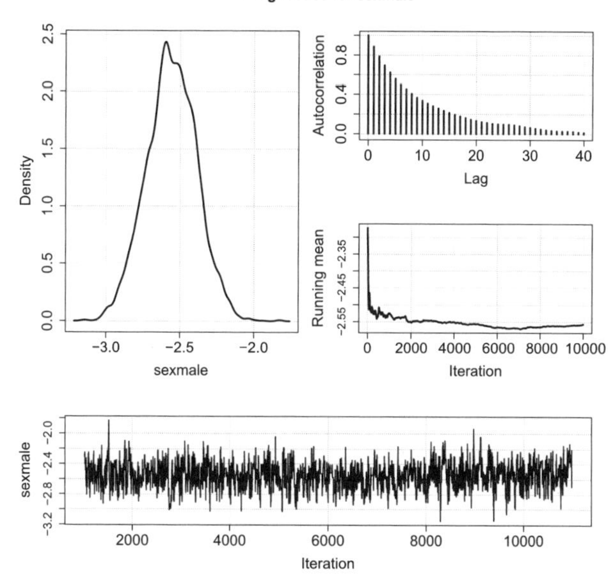

図 **5.12**　性別に対応する係数のマルコフ連鎖の収束性診断

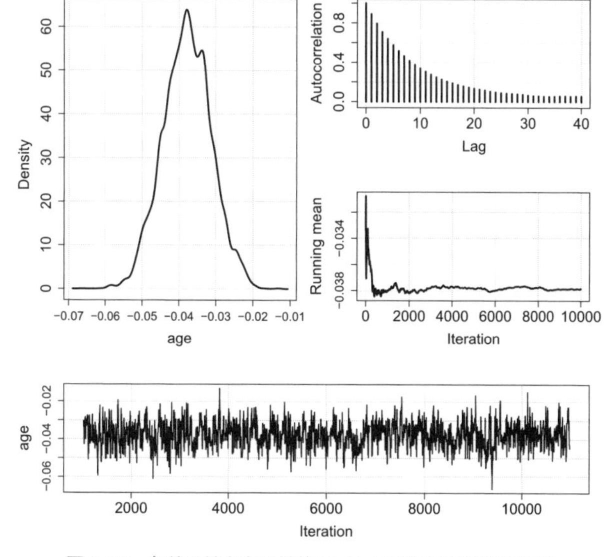

図 **5.13**　年齢に対応する係数のマルコフ連鎖の収束性診断

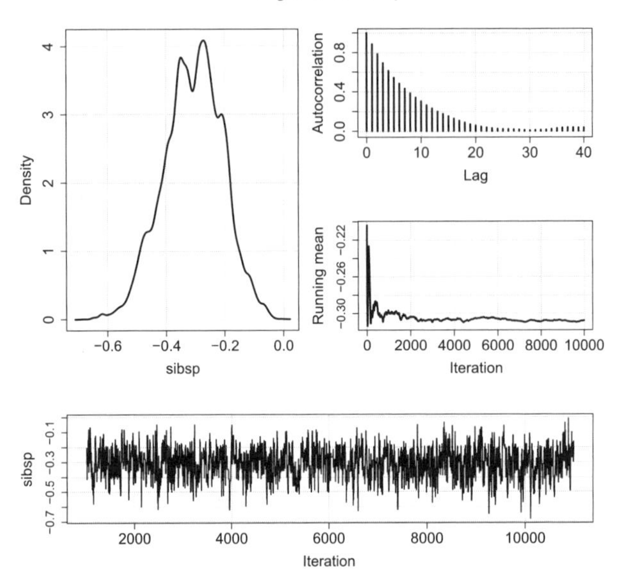

図 **5.14**　兄弟数に対応する係数のマルコフ連鎖の収束性診断

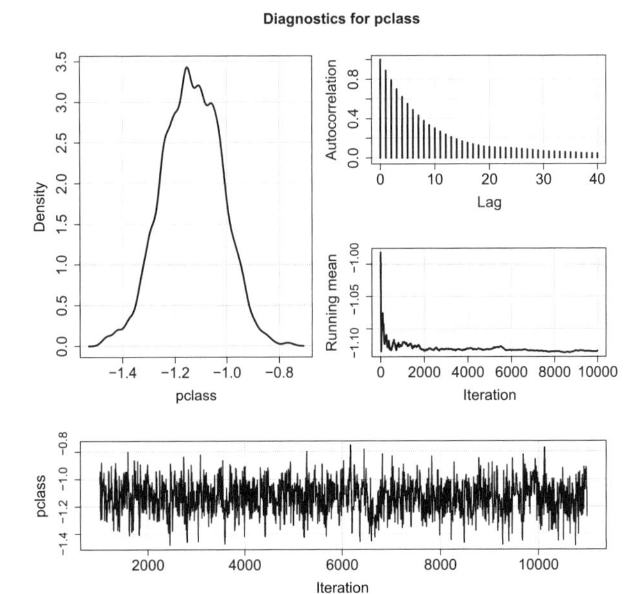

図 **5.15**　等級に対応する係数のマルコフ連鎖の収束性診断

スティックモデルを適用し，ベイズ因子の計算を行っている．

```
1 set.seed(314)
2 informative1 <- MCMClogit(survived ~ sex + age, data=titanic.data, b0=0,
      B0=.01, logfun=TRUE, marginal.likelihood="Laplace")
3 informative2 <- MCMClogit(survived ~ sex + age + pclass, data=
      titanic.data, b0=0, B0=.01, logfun=TRUE, marginal.likelihood="Laplace")
4 informative3 <- MCMClogit(survived ~ sex + age + sibsp + pclass, b0=0, B0
      =.01, data= titanic.data, marginal.likelihood="Laplace")
5 BF.sur <- BayesFactor(informative1, informative2, informative3)
```

得られた結果は次に示す．この結果からモデル informative3 はわずかにモデル informative2 より優れているが，優劣はほとんどつかない．一方，モデル informative2 と informative3 のいずれもモデル informative1 より強く支持されている．

```
> summary(BF.sur)
The matrix of Bayes Factors is:
             informative1 informative2 informative3
informative1     1.00e+00     2.03e-24     7.38e-25
informative2     4.92e+23     1.00e+00     3.63e-01
informative3     1.36e+24     2.75e+00     1.00e+00

The matrix of the natural log Bayes Factors is:
             informative1 informative2 informative3
informative1          0.0       -54.55       -55.57
informative2         54.6         0.00        -1.01
informative3         55.6         1.01         0.00

The evidence to support informative3 over all
other models considered is worth no more
 than a bare mention.


Strength of Evidence Guidelines
(from Kass and Raftery, 1995, JASA)
@@@@@@@@@@@@@@@@@@@@@@@@@@@@@@@@@@@@@@@@@@@@@@@@@@@@@@@@@@@@
2log(BF[i,j])       BF[i,j]         Evidence Against Model j
------------------------------------------------------------
  0 to 2              1 to 3          Not worth more than a
                                           bare mention
```

```
  2 to 6              3 to 20          Positive
  6 to 10             20 to 150        Strong
  >10                 >150             Very Strong
@@@@@@@@@@@@@@@@@@@@@@@@@@@@@@@@@@@@@@@@@@@@@@@@@@@@@@@@@@@@@@


 informative1 :
   call =
MCMClogit(formula = survived ~ sex + age, data = titanic.data,
    b0 = 0, B0 = 0.01, logfun = TRUE, marginal.likelihood = "Laplace")

   log marginal likelihood =  -567.1435


 informative2 :
   call =
MCMClogit(formula = survived ~ sex + age + pclass, data = titanic.data,
    b0 = 0, B0 = 0.01, logfun = TRUE, marginal.likelihood = "Laplace")

   log marginal likelihood =  -512.59


 informative3 :
   call =
MCMClogit(formula = survived ~ sex + age + sibsp + pclass, data =
    titanic.data, b0 = 0, B0 = 0.01, marginal.likelihood = "Laplace")

   log marginal likelihood =  -511.5772
```

Chapter 6
事例研究：同時多感覚教授法の効果

数学の理論を理解し自分のものにするためには多くの例題や問題を独力で解くことが近道であるのと同様に，統計学の理論や方法の習得にも使いやすくまた信頼のおけるソフトウェアを駆使しながら実際のデータを解析してみることが肝要である．この章ではフリーソフトウェア R を用いて，Giess (2005) によって集められたデータに基づき，一般化線形モデルをはじめ，さまざまな角度から同時多感覚教授法によるリーディング・スキル向上の効果の検証についての検討を行う．

6.1　普遍的現象としてのリーディング障害

Fletcher and Lyon (1998) の報告によれば，アメリカの高校までの在学生のうち，約 20% の生徒が何らかのリーディング障害をもっている．リーディング力が一定レベルに達しない生徒にしかるべき措置を何も講じない場合，問題を解決しないままリーディング障害をもち続けるケースが多い (Lyon, 2004)．アメリカ政府が 2002 年に「落ちこぼれゼロ法」(No Child Left Behind Act) を通過させたのは，このような看過できない状況に対応するためであった．実際，2004 年にブッシュ政府は中学校・高校にリーディング介入プログラムを実施するため，1 億米ドルを投じることを決めた (Robelen and Bowman, 2004).

さまざまなリーディング障害の中でディスレクシア (dyslexia) が代表的である．知的な遅れはなく，字を読んだり書いたりすることだけが苦手であることがディスレクシアの特徴である．

ディスレクシアの臨床的定義

ディスレクシアは，一般的かそれ以上の知能をもち，一般的な学習において特段の問題はなく，読み書きの困難が学習指導の不適切さや学習機会の欠如，また本人の知覚力の欠陥 (sensory acuity deficits) や神経的要因などから説明できない障害である (Vellutino et al., 2004).

リーディング活動は言葉の分解力と言語理解力の総合力に分解されるが (Gough and Tunmer, 1986)，ディスレクシアでは典型的に理解力が問題になることは少ない (Shaywitz, 2003). 日本におけるディスレクシアの発症率は，英語圏のそれに比べて低く，4–5% とされている[*1)]. ディスレクシアの代表的な困難の 1 つが音の最小単位である音素 (phoneme) の認識である. 日本語の音素が 24 個あるのに対して英語の音素はこの倍の 44 個あることが，英語でディスレクシアがより表面化しやすい理由と考えられる. 音素の習得だけではなく，b と d のような鏡文字，t と f，u と v のような形が似通っている文字に関する読み書きの混乱もディスレクシアの典型的な症状である. 日本ではディスレクシアが一般的に認知されておらず，このような学習困難を有する可能性のある生徒が，ただ怠けている，努力が足りないなどと見られてしまい，適切な支援を受けられないまま，英語の勉強を強いられている状況が普遍的に存在すると考えられる.

6.2 同時多感覚教授法

同時多感覚教授法 (multisensory instruction) は，リーディング障害をもつ各年齢層の人に対して有効であると考えられている (Joshi et al., 2002). 多感覚教授法は，視覚的 (visual)，聴覚的 (auditory)，運動的 (kinesthetic)，触覚的 (tactile) な複数の刺激を同時に脳に与え，学習効果を促進させる方法である. この方法は 20 世紀初頭に開発された O–G メソッド (Orton–Gillingham method; Gillingham and Stillman, 1997) に根ざしている. アメリカでは Susan Barton 氏によって開発された，BRSS (Barton Reading and Spelling System)[*2)] と呼ばれる同時多感覚教授法の教材が大変な支持を得ている. BRSS は基本的な音と

---

*1) http://www.manabishien-english.jp

*2) https://bartonreading.com

文字から単語を組み立てるシンセティック・フォニックス (synthetic phonics) と，長い単語をその構成する文字から単語に分解するアナリティック・フォニックス (analytic phonics) に基づいている．BRSS は 10 段階あり，それぞれ独立したテキストとなっている．

6.3 フロリダ州のある公立高校での研究

Giess (2005) はアメリカ合衆国フロリダ州の北部に位置する，人口 20 万人程度のアラチュア郡 (Alachua County) にあるチャーター・スクールの生徒を対象に，O–G メソッドに基づいた同時多感覚教授法の有効性を検証するための研究を行った．この学校は無料の公立高校で，在籍する生徒は単語の分解力をはじめ，読解力，口頭表現力，文章表現力，聴覚障害など，さまざまな学習障害をもっている．これらの生徒に BRSS 教材を用いて 3 ヶ月間，同時多感覚教授法で課外授業を行い，リーディング・スキルの向上に繋がったかどうかを検証するのがこの研究の目的である．

この研究が行われた 2004–2005 年には計 30 名の生徒が在籍していた．2004 年 8 月末に在校生の保護者に研究参加に関する同意書を配布し，20 名の参加同意が得られた．同意した生徒に 1 週間かけて，評価試験を行った．単語の綴り，単語の読み方，単語の分解力，音素認識力における得点が，平均を標準偏差分以上下回る ($\leq \bar{x} - \widehat{\sigma} = 85$) 生徒を介入グループとした．放課後のリーディング介入プログラムに参加した生徒は合計 9 名であった．対照群にある 9 名の生徒のうちの 3 名は評価試験の得点は低かったものの，スケジュールの関係で介入実験には参加できなかった．このプログラムでは計 6 名のチューターが研究リーダーの指導の下で 3 ヶ月間，BRSS 教材に基づく授業を行った．これらのチューターは 2004–2005 年の 8 月に，9 つの BRSS 教材をカバーする，合計 27 時間のトレーニングを受けた，フロリダ大学の大学院 1 年生女子であった．課外授業は 1 回 50 分で週 3 回行われた．

表 6.1 に示すデータ `giess2005.csv` はこの研究で得られたデータの一部である．測定された各リーディング・スキルの詳細は表 6.2 の通りである．表 6.1 におけるプログラム実施前後のテストは，Woodcock Johnson III Achievement

表 6.1 フロリダ州のある公立学校の生徒に同時多感覚授業を実施する前と後のリーディング・スキルの得点 (Giess, 2005, 付録 J). 'pre' は実施前, 'pos' は実施後, 'treatment' は介入群, 'control' は対照群をそれぞれ表している.

	id	letter	spelling	word	sound	sight	phonemic	pre.pos	program
1	7	35	24	8	15	34	10	pre	treatment
2	10	37	21	10	27	31	26	pre	treatment
3	11	58	41	15	32	62	20	pre	treatment
4	12	48	31	20	35	79	49	pre	treatment
5	13	54	27	16	36	66	17	pre	treatment
6	14	44	24	11	28	46	17	pre	treatment
7	16	57	26	21	40	30	16	pre	treatment
8	18	36	23	19	31	34	16	pre	treatment
9	20	53	28	21	25	50	11	pre	treatment
10	7	34	25	13	16	29	10	pos	treatment
11	10	38	23	18	38	41	18	pos	treatment
12	11	56	40	19	30	66	38	pos	treatment
13	12	55	31	25	35	76	45	pos	treatment
14	13	53	31	20	35	64	17	pos	treatment
15	14	44	28	16	29	47	16	pos	treatment
16	16	63	28	24	41	44	14	pos	treatment
17	18	38	25	22	34	40	17	pos	treatment
18	20	65	46	29	44	74	37	pos	treatment
19	2	62	36	22	42	75	41	pre	control
20	3	57	36	18	36	80	39	pre	control
21	4	58	32	26	42	40	22	pre	control
22	6	65	43	22	33	79	54	pre	control
23	8	59	37	18	36	82	36	pre	control
24	9	56	39	19	28	50	39	pre	control
25	15	61	43	28	31	51	28	pre	control
26	17	66	43	30	44	74	31	pre	control
27	19	60	40	22	41	81	39	pre	control
28	2	61	37	29	44	71	38	pos	control
29	3	61	38	22	35	79	30	pos	control
30	4	57	33	17	39	28	14	pos	control
31	6	62	42	26	33	74	47	pos	control
32	8	62	36	19	38	67	32	pos	control
33	9	56	40	24	31	76	41	pos	control
34	15	60	43	25	33	52	29	pos	control
35	17	66	41	25	42	64	42	pos	control
36	19	66	44	20	42	76	26	pos	control

Test (Woodcock et al., 2001), と Test of Word Reading Efficiency (Wagner et al., 1999) を用いた.

表 6.2 表 6.1 における各種のリーディング・スキル

記号	リーディング・スキル	スキルの説明
x_1	letter	単語の識別力 (letter-word identification)
x_2	spelling	単語の綴り方 (spelling)
x_3	word	単語の分解力 (word attack)
x_4	sound	音に対する反応力 (sound awareness)
x_5	sight	重要単語の識別力 (sight word efficiency)
x_6	phonemic	音素分析力 (phonemic decoding efficiency)

Giess (2005) は t 検定や共分散分析 (ANCOVA) などを用いて, 全ての変数において介入群と対照群の事前テスト得点には有意な差を確認したが, 介入の効果の現れとして, 事後テストの得点には有意な差は発見できなかったと結論づけた. また, 事前テスト得点が一定の下で, 介入群のリーディング・スキルの向上が対照群に比べてより顕著であることを述べている. さらに Giess (2005) は t 検定を用いて, 介入群における事後テストの得点と事前テストの得点とを比較し, word (単語の分解力) に関する得点の向上が有意に認められ, spelling (単語の綴り方) に関してもぎりぎり有意な改善が認められたとの考察を与えた. 一方, 対照群における sight (重要単語の識別力) に関する事後成績が有意に悪化したことも指摘している.

6.4 基本統計量

表 6.3 は表 6.1 のデータに基づく, 介入後の得点と実験前の得点の差に関するデータである. 表 6.3 の得点差から計算された種々の基本統計量を表 6.4 にまとめた. 表 6.4 からいずれのリーディング・スキルにおいても, 課外授業に参加した生徒グループの得点差の平均が, 参加しなかった生徒グループの平均より高く, 同時多感覚授業の効果が印象づけられる. 各スキルの最大値と最小値を眺めてみても同様な結論が得られよう. ただし, いまの場合各群におけるデータの数が少なく, また介入群のそれぞれの変数における標準偏差が対照群

表 6.3　表 6.1 のデータに基づく，同時多感覚授業を実施する前後のリーディング・スキルの得点差

	id	letter	spelling	word	sound	sight	phonemic	program
1	7	−1	1	5	1	−5	0	treatment
2	10	1	2	8	11	10	−8	treatment
3	11	−2	−1	4	−2	4	18	treatment
4	12	7	0	5	0	−3	−4	treatment
5	13	−1	4	4	−1	−2	0	treatment
6	14	0	4	5	1	1	−1	treatment
7	16	6	2	3	1	14	−2	treatment
8	18	2	2	3	3	6	1	treatment
9	20	12	18	8	19	24	26	treatment
10	2	−1	1	7	2	−4	−3	control
11	3	4	2	4	−1	−1	−9	control
12	4	−1	1	−9	−3	−12	−8	control
13	6	−3	−1	4	0	−5	−7	control
14	8	3	−1	1	2	−15	−4	control
15	9	0	1	5	3	26	2	control
16	15	−1	0	−3	2	1	1	control
17	17	0	−2	−5	−2	−10	11	control
18	19	6	4	−2	1	−5	−13	control

表 6.4　表 6.3 のリーディング・スキルの得点差に関する基本統計量

	Statistic	N	Mean	St. Dev.	Min	Max
介入群	letter	9	2.667	4.690	−2	12
	spelling	9	3.556	5.659	−1	18
	word	9	5.000	1.871	3	8
	sound	9	3.667	6.874	−2	19
	sight	9	5.444	9.329	−5	24
	phonemic	9	3.333	11.102	−8	26
対照群	letter	9	0.778	2.906	−3	6
	spelling	9	0.556	1.810	−2	4
	word	9	0.222	5.310	−9	7
	sound	9	0.444	2.068	−3	3
	sight	9	−2.778	11.956	−15	26
	phonemic	9	−3.333	7.194	−13	11

の対応する値より大きく，介入群の平均が対照群の平均より大きくなっているという証拠は必ずしも強いとは言い切れない．図 6.1 は表 6.3 の得点差データに基づく散布図であり，この図の対角線上に各変数のヒストグラムを，また対角線より上の部分には対応する変数の相関係数の絶対値を示している．相関係数の符号は対角線下の対応する散布図から判断できる．

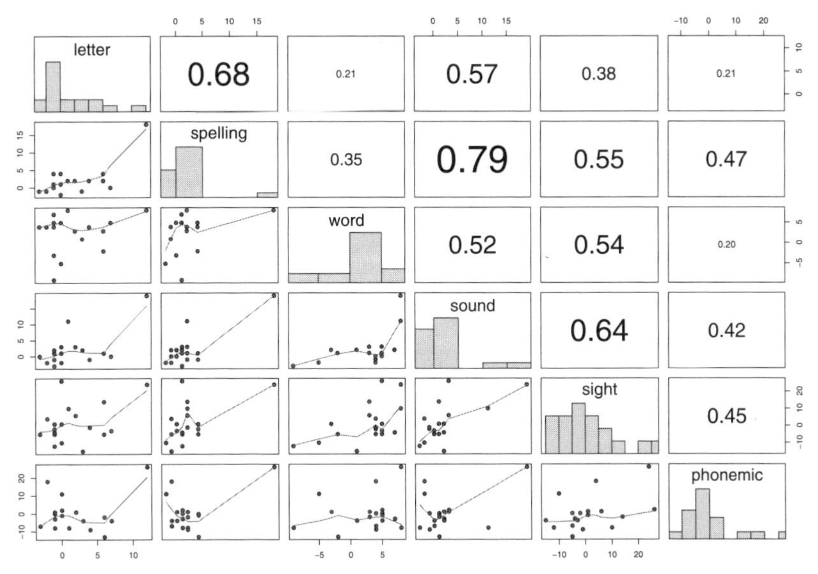

図 **6.1**　表 6.3 の同時多感覚授業実施前後の得点差データの散布図

6.5　線形モデル

まず全員分の実験前のスコアと実験終了時の得点データのデータフレーム raw.score を準備する．第 1 列の id は生徒の識別番号で，第 8 列は実験前の得点 (pre) か実験後の得点 (pos) かを，最後の第 9 列は介入群 (treatment) か対照群 (control) かを表している．

```
> raw.score
   id letter spelling word sound sight phonemic pre.pos   program
1   7     35       24    8    15    34       10     pre treatment
2  10     37       21   10    27    31       26     pre treatment
 (中略)
35 17     66       41   25    42    64       42     pos   control
36 19     66       44   20    42    76       26     pos   control
```

プログラムの参加の有無を説明変数として，2 群における letter に関する事前スコアの差の有無を，次のように lm() 関数を用いて検討する．

```
1 prescores <- raw.score[c(1:9,19:27) ,] # 実験前の得点
2 letter.lm <- lm(letter ~ program, data = prescores)
```

このモデルの適用結果は次のように summary() 関数を用いて確認できる.

```
> summary(letter.lm)

Call:
lm(formula = letter ~ program, data = prescores)

Residuals:
     Min       1Q   Median       3Q      Max
-11.8889  -3.3056   0.0556   5.3056  11.1111

Coefficients:
                Estimate Std. Error t value Pr(>|t|)
(Intercept)       60.444      2.320  26.053 1.57e-14 ***
programtreatment  -13.556      3.281  -4.131 0.000783 ***
---
Signif. codes:  0 '***' 0.001 '**' 0.01 '*' 0.05 '.' 0.1 ' ' 1

Residual standard error: 6.96 on 16 degrees of freedom
Multiple R-squared:  0.5162,Adjusted R-squared:  0.4859
F-statistic: 17.07 on 1 and 16 DF,  p-value: 0.0007832
```

この結果から介入群の letter の平均は対照群のそれより 13.6 程度低く，有意な差が認められる．いまの場合，説明変数が 2 つのレベルをもつカテゴリ変数なので，この結果は次の t 検定と本質的に同じである．

```
> t.test(prescores$letter[1:9], prescores$letter[10:18])

Welch Two Sample t-test

data:  prescores$letter[1:9] and prescores$letter[10:18]
t = -4.1314, df = 10.172, p-value = 0.001967
alternative hypothesis: true difference in means is not equal to 0
95 percent confidence interval:
 -20.849470  -6.261641
sample estimates:
```

```
mean of x mean of y
 46.88889  60.44444
```

複数の変数の平均の同時比較を次のようにして行うことができる.

```
1 prescores.lm <- lm(cbind(letter, spelling, word, sound, sight, phonemic) ~
      program, data = prescores)
```

全てのリーディング・スキルにおいて介入実験前の得点に関して介入群の方が有意に小さい. 実際, 介入群は事前テストの得点が低い生徒で構成されたので, これは当然の結果であろう. 詳細な結果は summary() 関数で確認できるが出力は省略する.

同様にして lm() 関数を用いて両群の試験後の各スキルの得点を比較することができる.

```
1 posscores <- raw.score[c(10:18,28:36),]
2 posscores.lm <- lm(cbind(letter, spelling, word, sound, sight, phonemic) ~
      program, data = posscores)
```

実験後の letter と spelling に関する得点間に依然有意な差が見られるが, そのほかのスキル間に有意な差はなくなっている. これは両群の成績の差が縮まっている証拠と言えよう.

```
> summary(posscores.lm)
Response letter :

Call:
lm(formula = letter ~ program, data = posscores)

Residuals:
     Min       1Q   Median       3Q      Max
-15.5556  -4.9722   0.2778   4.7778  15.4444

Coefficients:
                 Estimate Std. Error t value Pr(>|t|)
(Intercept)        61.222      2.808  21.799 2.53e-13 ***
programtreatment  -11.667      3.972  -2.937  0.00966 **
---
```

```
Signif. codes: 0 '***' 0.001 '**' 0.01 '*' 0.05 '.' 0.1 ' ' 1

Residual standard error: 8.425 on 16 degrees of freedom
Multiple R-squared:  0.3503,Adjusted R-squared:  0.3097
F-statistic: 8.628 on 1 and 16 DF,  p-value: 0.00966


Response spelling :

Call:
lm(formula = spelling ~ program, data = posscores)

Residuals:
    Min      1Q  Median      3Q     Max
-7.7778 -3.1944 -0.5556  2.4167 15.2222

Coefficients:
                 Estimate Std. Error t value Pr(>|t|)
(Intercept)        39.333      1.978  19.883 1.05e-12 ***
programtreatment   -8.556      2.798  -3.058  0.00751 **
---
Signif. codes: 0 '*** 0.001 '**' 0.01 '*' 0.05 '.' 0.1 ' ' 1
---
（以下省略）
```

次に介入実験後と実験前の得点差に関して両群の比較を行おう．まずデータセットを作る．

```
1  # 処置群の得点差
2  treat.d <- raw.score[10:18,2:7] - raw.score[1:9,2:7]
3  # 対照群の得点差
4  con.d <- raw.score[28:36,2:7] - raw.score[19:27,2:7]
5  # 全生徒の得点差データ
6  pos_pre <- cbind(c(treatment, control), rbind(treat.d, con.d))
7  colnames(pos_pre) <- c("id","letter", "spelling", "word", "sound",
      "sight", "phonemic")
8  tc <-c(rep("treatment", 9), rep("control", 9))
9  pos_pre <- data.frame(pos_pre, program=tc)
10 xtable(pos_pre, digits=rep(0,9))
```

授業の効果として，word の介入群の平均が対照群より有意に高いことが次のようにして確認できる．他の変数について有意な差は確認できなかった．

```
> word_dif.lm <- lm(word ~ program, data= pos_pre)
> summary(word_dif.lm)

Call:
lm(formula = word ~ program, data = pos_pre)

Residuals:
   Min     1Q Median     3Q    Max
-9.222 -2.000  0.000  3.000  6.778

Coefficients:
            Estimate Std. Error t value Pr(>|t|)
(Intercept)   0.2222     1.3270   0.167   0.8691
program1      4.7778     1.8766   2.546   0.0216 *
（以下省略）
```

6つのリーディング・スキルの得点に関する平均ベクトルの介入群と対照群における差の有無を，多変量分散分析のための関数 manova() を用いて検定することができる．個別に平均の差の検定を繰り返して行うよりも，多変量分散分析は変数間の相関を考慮に入れた利点がある．いまの場合，事前得点，事後得点と得点差のデータに基づく結果は以下の通りである．実験前の得点ベクトル間に有意な差が認められるが，実験後の得点ベクトルは両群に差がなくなっている．これは介入の効果と言えよう．一方，得点差ベクトル間に有意な差は見られなかった．

```
1 prescores.lm <- lm(cbind(letter, spelling, word, sound, sight, phonemic) ~
      program, data = prescores)
```

```
> summary(manova(prescores.lm),test="Pillai")
          Df  Pillai approx F num Df den Df  Pr(>F)
program    1 0.69006   4.0818      6     11 0.02119 *
```

```
1 posscores.lm <- lm(cbind(letter, spelling, word, sound, sight, phonemic) ~
      program, data = posscores)
```

```
> summary(manova(posscores.lm),test="Pillai")
          Df  Pillai approx F num Df den Df Pr(>F)
program    1 0.45147   1.5089      6     11 0.2621
```

```
1 scores.lm <- lm(cbind(letter, spelling, word, sound, sight, phonemic) ~
      program, data = pos_pre)
```

```
> summary(manova(scores.lm),test="Pillai")
          Df  Pillai approx F num Df den Df Pr(>F)
program    1 0.38588    1.152      6     11 0.3959
```

両群における得点差について word 以外に有意な変数がないことを確認したが，実験前の得点を一定にして比較を行うのがより公平であるため，ここで sight を例に調べてみよう．まず，sight の実験前の得点を 3 段階に分け，実験前の sight に関するレベル情報を得点差データに追加する．

```
1 pre_sight <- raw.score[c(1:9,19:27),6] # sight の実験前得点
2 sight_level <- cut(pre_sight, c(0,47,64,83)) # 得点を 3 段階に分類
3 sight.ancov <- pos_pre
4 sight.ancov$cut <- sight_level # 得点差に実験前のレベル情報を追加
```

sight の試験前得点のレベルに応じた両群間の得点差の有無を検証するため，次のように因子 cut をモデルに追加すればよい．

```
1 ancova1.lm <- lm(sight ~ program+cut, data = sight.ancov)
```

```
> summary(ancova1.lm)

Call:
lm(formula = sight ~ program + cut, data = sight.ancov)

Residuals:
     Min       1Q   Median       3Q      Max
-12.9125  -6.5438   0.5438   5.4563  15.4125

Coefficients:
```

```
             Estimate Std. Error t value Pr(>|t|)
(Intercept)    -2.937      5.177  -0.567   0.5794
program1        6.325      4.631   1.366   0.1935
cut(47,64]     13.525      5.671   2.385   0.0318 *
cut(64,83]     -4.269      5.305  -0.805   0.4345
---
（以下省略）
```

試験前の sight に関する得点が 47 未満，47 以上 64 未満，64 以上の 3 段階に分けられている．47 以上 64 未満の得点を得た中程度の生徒は介入群と対照群にそれぞれ 2 名いて，介入群においては成績の伸びが確認できた．このモデルが事前の成績を考慮しないモデルを有意に改善していることを次のように F 検定を用いて確認することができる．

```
> ancova2.lm <- lm(sight ~ program, data= sight.ancov)
> anova(ancova1.lm, ancova2.lm)
Analysis of Variance Table

Model 1: sight ~ program + cut
Model 2: sight ~ program
  Res.Df    RSS Df Sum of Sq      F  Pr(>F)
1     14 1000.6
2     16 1839.8 -2   -839.17 5.8706 0.01408 *
```

同様にして，sound というスキルに関しても，試験前の得点を低・中・高の 3 段階に分けたとき，中レベルと高レベルの生徒間に有意な差が確認できる．

6.6 主成分分析

リーディング・スキルは独立ではなく互いに関連し合っている．表 6.5 は得点差データに基づく 6 つのスキル間の相関行列を示している．元データの変動をなるべく少ない数の変数を用いて説明することが特に変数の次元が高いときに有効である．そのために次の式

$$z_i = w_{i1}x_1 + w_{i2}x_2 + \cdots + w_{i6}x_6, \quad i = 1, 2, \ldots, 6 \tag{6.1}$$

表 **6.5** リーディング・スキル得点差間の相関行列

		letter	spelling	word	sound	sight	phonemic
全データ	letter	1.00	0.68	0.21	0.57	0.38	0.21
	spelling	0.68	1.00	0.35	0.79	0.55	0.47
	word	0.21	0.35	1.00	0.52	0.54	0.20
	sound	0.57	0.79	0.52	1.00	0.64	0.42
	sight	0.38	0.55	0.54	0.64	1.00	0.45
	phonemic	0.21	0.47	0.20	0.42	0.45	1.00
9 番目を除外後のデータ	letter	1.00	0.27	0.03	0.09	0.07	−0.41
	spelling	0.27	1.00	0.22	0.21	0.26	−0.46
	word	0.03	0.22	1.00	0.50	0.47	0.00
	sound	0.09	0.21	0.50	1.00	0.45	−0.28
	sight	0.07	0.26	0.47	0.45	1.00	0.17
	phonemic	−0.41	−0.46	0.00	−0.28	0.17	1.00

からこれらの変数の線形結合で構成される‘主成分’ (principal components) と呼ばれる人工的変数を定める．重み $(w_{i1}, \ldots, w_{i6})$ は変数 x_i の主成分 z_i における負荷量と呼ばれる．主成分の負荷量は対応する変数の主成分に対する貢献度を表している．主成分 $z_1, \ldots, z_6$ 間の相関がなく，また分散については

$$\mathrm{Var}(z_1) \geq \mathrm{Var}(z_2) \geq \cdots \geq \mathrm{Var}(z_6)$$

となるように負荷量 w_{ij} を決める．この方法が主成分分析 (principal component analysis) である．

```
1 # raw.dif: 介入実験前後の得点差
2 raw.pc <- prcomp(pos_pre[,2:7]) # 主成分分析
```

各主成分の分散や全体の変動に占める累積割合などを次のように確認することができる．

```
> summary(raw.pc)

                            PC1    PC2     PC3     PC4     PC5     PC6
Standard deviation     13.8165 7.8355 5.06411 3.78999 2.56319 1.89383
Proportion of Variance  0.6311 0.2030 0.08479 0.04749 0.02172 0.01186
Cumulative Proportion   0.6311 0.8341 0.91893 0.96642 0.98814 1.00000
```

主成分は元の変数の次元と同じ数だけあり，これらの変数は分散の大きさの順にそれぞれ，第 1 主成分 (PC1)，第 2 主成分 (PC2)，のように呼ばれる．い

まの場合，第 1 主成分の分散が全体の分散の約 6 割強を占めていて，第 2 主成分と合わせて全データの変動のうち 8 割強を説明している．主成分は元の変数の線形結合であり，その解釈は必ずしも容易ではない．主成分の解釈などの観点もあり，第 2 主成分までを考察の対象とする場合が多い．(6.1) 式における各主成分の負荷量は `raw.pc$rotation` により確認できる．介入実験前の得点，実験後の得点，前後の得点差に基づいて主成分分析を行い，全ての主成分における負荷量をまとめたのが表 6.6 である．

表 6.6 各リーディング・スキルのそれぞれの主成分における負荷量

	リーディング・スキル	PC1	PC2	PC3	PC4	PC5	PC6
実験前	letter	0.30	0.61	−0.04	0.22	−0.52	0.46
	spelling	0.25	0.29	0.10	0.59	0.13	−0.69
	word	0.12	0.44	0.12	−0.09	0.82	0.32
	sound	0.18	0.40	−0.00	−0.77	−0.15	−0.45
	sight	0.77	−0.33	−0.53	−0.04	0.12	0.05
	phonemic	0.46	−0.28	0.83	−0.08	−0.08	0.08
実験後	letter	0.35	0.67	−0.04	−0.30	−0.55	−0.18
	spelling	0.26	0.22	−0.22	−0.56	0.70	0.18
	word	0.14	0.11	−0.16	0.33	0.34	−0.85
	sound	0.14	0.54	0.15	0.66	0.24	0.42
	sight	0.73	−0.34	0.59	0.00	0.02	−0.02
	phonemic	0.48	−0.29	−0.74	0.24	−0.18	0.20
前後の差	letter	0.13	−0.07	0.51	−0.31	0.71	−0.36
	spelling	0.22	0.00	0.52	−0.14	−0.07	0.81
	word	0.18	−0.18	0.09	0.90	0.32	0.08
	sound	0.28	−0.09	0.54	0.13	−0.63	−0.45
	sight	0.75	−0.49	−0.40	−0.22	0.01	0.01
	phonemic	0.51	0.85	−0.11	0.06	0.06	−0.05

表 6.6 の実験前後の得点差データに基づく結果から，第 1 主成分においては sight と phonemic の負荷量が突出している．この他の変数の負荷量は相対的に小さい．また第 1 主成分にかかる全ての負荷量が正であることに注目すると，第 1 主成分は sight と phonemic に支配されながらもおおむね各変数の平均を表していると言えよう．一方，第 2 主成分に関しては，sight と phonemic 以外の変数の負荷量はほぼ 0 であり，また sight と phonemic の負荷量の符号が反対であることにより，第 2 主成分は主に phonemic (音素分析力) と sight (重

要単語の識別力) の差を表していると言えよう．

次のようにして 18 人の生徒の得点差における第 1 主成分と第 2 主成分の得点スコアの散布図 (図 6.2) を描くことができる．

```
raw.pc <- prcomp(pos_pre[,2:7])
library(devtools)
library(ggbiplot)
g <- ggbiplot(raw.pc, obs.scale = 1, var.scale = 1,
    groups = tc, ellipse = TRUE, circle = TRUE)
g <- g + scale_color_discrete(name = '')
g <- g + theme(legend.direction = 'horizontal',
    legend.position = 'top')
print(g)
```

図 6.2 では表 6.6 の負荷量データに基づいて，第 1，第 2 主成分における負荷量を座標として各リーディング・スキルのベクトルを描いている．図 6.2 から，全ての変数が第 1 主成分の正の方向に向いていることがわかり，また第 1 主成分はおおむね phonemic と sight の差を表していることも一目瞭然である．第 1 主成分の得点が大きく他の点から離れた点がある．これはプログラム参加

表 6.7 18 人の生徒の介入実験前後の得点差の主成分スコア

	PC1	PC2	PC3	PC4	PC5	PC6	program
1	−5.20	2.92	0.21	4.37	−0.51	0.71	treatment
2	5.81	−12.75	2.39	3.92	−4.80	−2.89	treatment
3	9.12	14.30	−8.59	2.84	1.76	−0.13	treatment
4	−5.20	−1.88	2.86	1.25	5.60	−2.27	treatment
5	−3.03	1.83	−0.60	2.13	0.27	4.01	treatment
6	−0.42	−0.91	0.01	2.28	0.01	2.91	treatment
7	8.78	−8.12	−3.19	−3.94	3.83	−0.81	treatment
8	4.36	−1.60	−1.30	−0.54	−0.15	−0.54	treatment
9	40.90	7.76	11.37	−1.57	−0.74	0.85	treatment
10	−5.34	−0.56	0.86	5.91	−0.68	0.59	control
11	−6.67	−6.61	1.50	0.11	3.35	1.09	control
12	−18.18	2.49	0.45	−7.81	−3.06	1.77	control
13	−9.94	−2.59	−1.71	3.79	−1.93	0.56	control
14	−15.08	4.78	5.79	1.84	0.17	−3.01	control
15	19.72	−10.72	−10.68	−2.22	−0.55	−0.30	control
16	−1.58	2.23	−2.95	−3.82	−3.47	−1.17	control
17	−6.52	16.71	−2.58	−3.19	−0.25	−2.15	control
18	−11.51	−7.27	6.14	−5.34	1.16	0.79	control

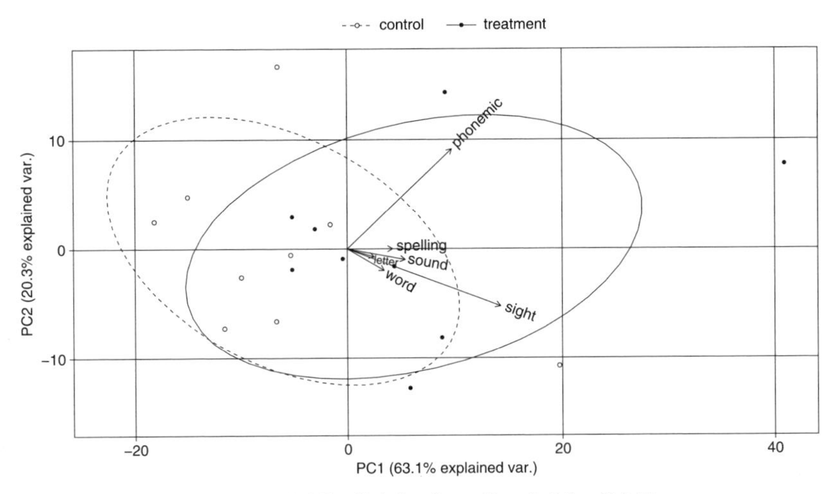

図 **6.2** 実験前後の得点差の第 1，第 2 主成分の散布図

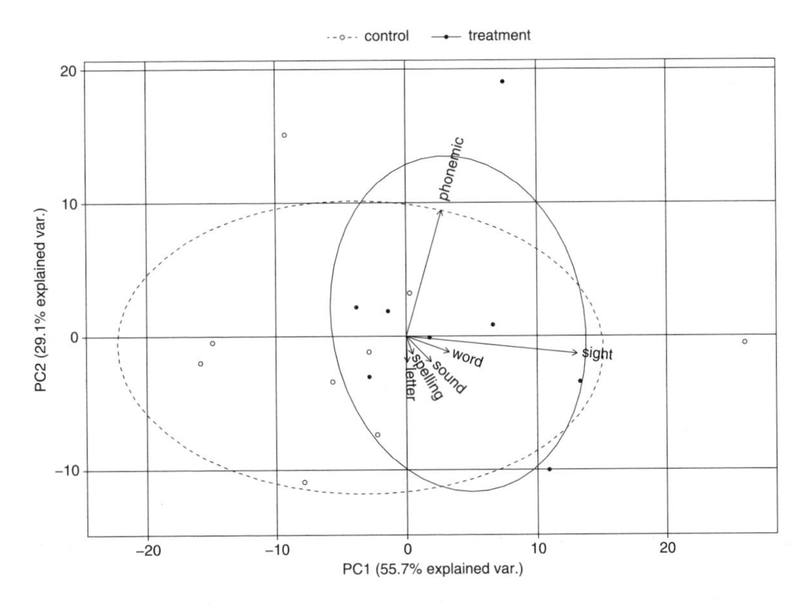

図 **6.3** 実験前後の得点差の第 1，第 2 主成分の散布図 (9 番目 (id 20) のデータを除外)

者のデータで，観測番号 9 番 (id 20) のものである．表 6.3 からわかるようにこの生徒のプログラム参加前後の成績の増分が他の生徒に比べて飛び抜けて大きくなっている．観測番号 9 番のデータが主成分分析の結果に大きい影響を与える可能性があるので，このデータを取り除いて再度主成分分析を行った結果が図 6.3 である．この場合の第 1 主成分はおおむね sight であり，第 2 主成分はおおむね phonemic である．他のスキルの負荷量は無視できる程度である．

6.7　判　別　分　析

実験前後の得点差データに基づいて，同時多感覚授業を受けた生徒と他の生徒を分けることができるかどうかを，フィッシャーの線形判別分析法を用いて試みてみよう．まず次のように全ての変数に基づいて線形判別分析を行う．

```
1  library(MASS)
2  fit.lda <- lda(program ~ ., data=pos_pre[,2:8], prior=c(1,1)/2, CV=TRUE)
```

判別分析の結果を確認してみよう．

```
> table(pos_pre$program, fit.lda$class)
    0 1
  0 6 3
  1 4 5
```

4 名の介入群の生徒が誤って対照群に判別され，3 名の対照群の生徒が誤って介入群に判別された．全体の誤判別率が $7/18 \approx 0.389$ で，この場合の判別の性能は必ずしも良いとは言えない．次のようにパッケージ klaR にある関数 partimat を用いて変数の対ごとの判別分析を同時に行うことができる．

```
1  # 変数の対ごとの判別分析
2  library(klaR)
3  partimat(program~.,data=pos_pre[,2:8], nplots.vert=5, nplots.hor=3,mar=c
       (5, 4, 2, 4) + 0.1,method="lda")
```

対ごとの線形判別分析に基づくパティションプロット (図は 6.4) では見かけ上の誤判別率 (apparent error rate) も示されている．(letter, word) と (phone-

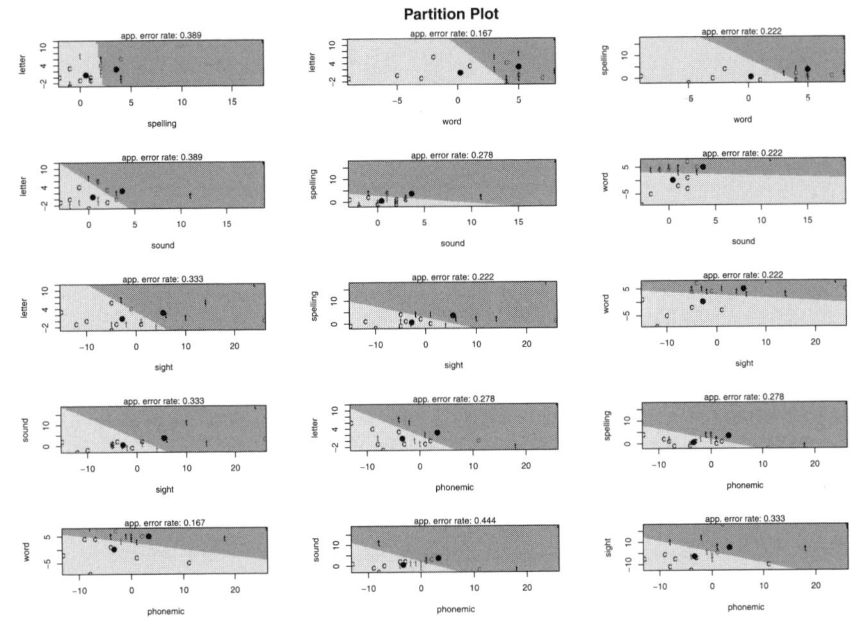

図 6.4 変数の対ごとの線形判別分析に基づくパティションプロット．

mic, word) のペアに基づく誤判別率が 0.167 で，全ての変数の場合の 0.389 よりもかなり低くなっている．

6.8 ロジスティック回帰分析

判別分析の適用の際と同じようにこの節でも得点データや主成分スコアを説明変数とし，介入プログラムへの参加の有無を従属変数と見て種々のロジスティック回帰分析を行い，判別分析の結果との比較・検討を行う．この節では介入実験前後の得点差データを用いる．まず表 6.7 の主成分得点スコアから第 1，第 2 主成分を抽出し，ロジスティック回帰分析を行ってみよう．

```
1 raw.pc <- prcomp(pos_pre[,2:7]) # 得点差の主成分分析
2 pc12 <- data.frame(raw.pc$x[,1:2], program=pos_pre$program)
3 pc12_logit <- glm(program ~ ., data=pc12, family=binomial(link="logit"))
```

次のように回帰分析の結果を summary() 関数で確認すると，第 1 主成分が介入を受けたかどうかに関して有意に説明していることがわかる．

```
> summary(pc12_logit)

Call:
glm(formula = program ~ ., family = binomial(link = "logit"),
    data = pc12)

Deviance Residuals:
    Min       1Q   Median       3Q      Max
-2.1540  -0.8454  -0.2126   0.9514   1.3867

Coefficients:
            Estimate Std. Error z value Pr(>|z|)
(Intercept)  0.18149    0.57204   0.317   0.7510
PC1          0.11759    0.07070   1.663   0.0963 .
PC2          0.02646    0.07557   0.350   0.7262
---
 (以下省略)
```

次のプログラムは得点差データに基づく主成分分析を行い，第 1 主成分と第 2 主成分に基づく線形判別分析とロジスティック回帰分析の判別領域を求めるためのものである．このプログラムの出力は図 6.5 である．この図で 0 と 1 はそれぞれ介入群と対照群のデータである．第 1 主成分と第 2 主成分の値が共に 0 に近い点が 2 つあり，この 2 つの点はそれぞれ介入群と対照群に属する生徒のものである．線形判別分析とロジスティック回帰分析はこの 2 つの点で判断が分かれている．判別分析ではこの 2 つの点を共に対照群に属すると判断しているのに対して，ロジスティック回帰分析では反対の判断を行っている．

```
1 # 判別分析とロジスティック回帰との比較
2 library(MASS)
3 raw.pc <- prcomp(pos_pre[,2:7]) # 主成分分析
4 x1 <- raw.pc$x[,1]
5 x2 <- raw.pc$x[,2]
6 x <- data.frame(x1, x2)
7 y <- as.numeric(pos_pre$program)-1
8 fit.lda <- lda(x, y) # 線形判別分析
```

```
 9 fit.glm <- glm(y ~ x1 + x2, family=binomial) # ロジスティック回帰
10 par(mar=c(5, 4, 2, 4) + 0.1) # 図の余白を指定
11 plot(x, type="n", xlim=c(-22,25), ylim=c(-24,18), xlab="PC1", ylab="PC2")
12 text(x, as.character(y), col=as.numeric(y)+1)
13 title(main="Discriminant␣Analysis␣vs.␣Logistic␣Regression")
14 x.1 <- seq(-22, 25, length = 100)
15 x.2 <- seq(-24, 18, length = 100)
16 grid.prob <- expand.grid(x1=x.1, x2=x.2)
17 pred.lda <- predict(fit.lda, grid.prob) # 線形判別による事後確率
18 # 2 群の事後確率の差
19 lda.dif <- pred.lda$posterior[,1] - pred.lda$posterior[,2]
20 # 事後確率が一致する線
21 contour(x.1, x.2, matrix(lda.dif, 100), add=T, levels=0)
22 # 介入群に入る予測確率
23 pred.glm <- predict(fit.glm, grid.prob, type="response")
24 contour(x.1, x.2, matrix(pred.glm, 100), add=T, levels=0.5, col="red")
25 legend(8.5, -15, legend=c("Discriminant␣Analysis","Logistic␣Regression"),
       lty=1, col=c("black","red"), cex=0.8)
```

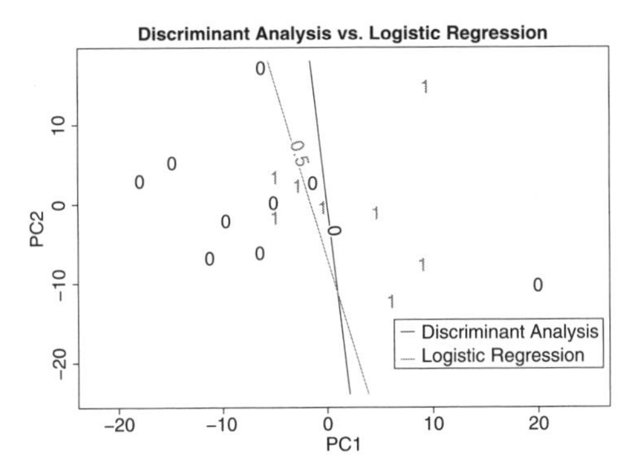

図 **6.5** 第 1，第 2 主成分を用いた線形判別分析とロジスティック回帰分析との比較

次に主成分の代わりに 6 つのリーディング・スキルの中から，word，sound，sight，phonemic の 4 つのスキルに焦点を当て，交互作用を無視して，R のベースにある `step()` 関数と，パッケージ `bestglm` の `bestglm()` 関数を用いて最適モデルを探索してみよう．

```
1 # step() による最適モデルの探索
2 fit_logit <- glm(program ~ word+sound+sight+phonemic, data=pos_pre,
      family=binomial(link="logit"))
3 fit_logit.step <- step(fit_logit)
```

step() 関数を適用した結果は次の通りである．

```
> fit_logit.step <- step(fit_logit)
Start:  AIC=25.51
program ~ word + sound + sight + phonemic

           Df Deviance    AIC
- sight     1   15.561 23.561
- sound     1   15.582 23.581
<none>          15.510 25.510
- phonemic  1   18.148 26.148
- word      1   20.285 28.285

Step:  AIC=23.56
program ~ word + sound + phonemic

           Df Deviance    AIC
- sound     1   15.601 21.601
<none>          15.561 23.561
- phonemic  1   18.306 24.306
- word      1   20.546 26.546

Step:  AIC=21.6
program ~ word + phonemic

           Df Deviance    AIC
<none>          15.601 21.601
- phonemic  1   18.351 22.351
- word      1   22.448 26.448
```

step() 関数は情報量規準 AIC に基づいてモデルの選択を行っている．AIC の値が最小のモデルが最適なモデルとなる．上の結果では word と phonemic を説明変数とするモデルが最適なモデルとして選ばれている．次のように bestglm() 関数を適用しても同じ結果が得られる．bestglm() のオプションとしては，情報量規準 BIC を使うこともできる.

```
1 # bestglm() による最適モデルの探索
2 library(bestglm)
3 bestglm.data <- data.frame(word=pos_pre$word, sound=pos_pre$sound, sight=
      pos_pre$sight, phonemic=pos_pre$phonemic, program=pos_pre$program)
4 bestglm(bestglm.data, family=binomial(link="logit"), IC="AIC")
```

bestglm() 関数の適用結果は次の通りである.

```
> bestglm(bestglm.data, family=binomial(link="logit"), IC="AIC")
Morgan-Tatar search since family is non-gaussian.
AIC
BICq equivalent for q in (0.517524388532819, 0.805731342338102)
Best Model:
              Estimate Std. Error   z value   Pr(>|z|)
(Intercept) -1.3889489  1.0849448 -1.280202 0.20047396
word         0.4971416  0.2694453  1.845056 0.06502941
phonemic     0.1909389  0.1570360  1.215893 0.22402580
```

step() と bestglm() が word + phonemic を最適モデルと判断している. 図 6.6 は主成分の代わりに word と phonemic を用いた線形判別分析とロジスティック回帰分析の比較を行っている. この場合 2 つの判別境界線の間にデータがなく, 2 つの方法が同程度の性能をもっていることを示している.

次に各リーディング・スキルにおける得点差を説明変数とし, プログラムの

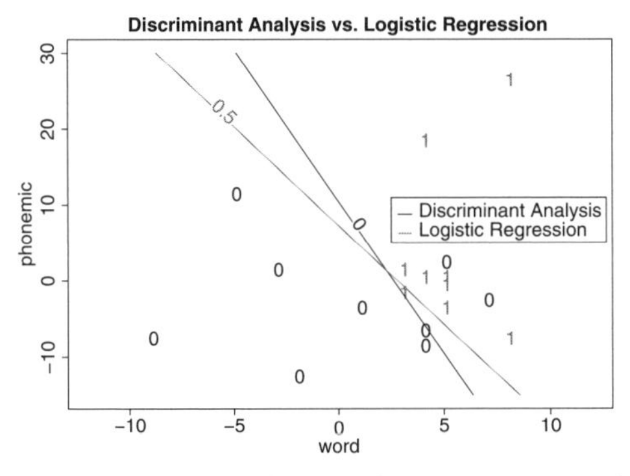

図 6.6 word と phonemic を用いた線形判別分析とロジスティック回帰分析との比較

参加の有無を従属変数として，ロジスティックモデルを当てはめ，介入グループに属する予測確率グラフ (図 6.7) を次のようにして求めることができる．図 6.7 により全てのスキルの値が高くなるにつれて介入群に属する確率が上昇することが読み取れる．

```
1 par(mfrow = c(3, 2),oma = c(0, 0, 0, 2)) # 図の配置と余白の設定
2 library(Hmisc)
3 y <- as.numeric(pos_pre$program)-1
4 plsmo(pos_pre$letter, y, datadensity=T,xlab = "letter", ylab = "Predicted␣
      probability")
5 plsmo(pos_pre$sound, y, datadensity=T,xlab = "sound", ylab = "Predicted␣
      probability")
6 plsmo(pos_pre$spelling, y, datadensity=T,xlab = "spelling", ylab = "
      Predicted␣probability")
7 plsmo(pos_pre$sight, y, datadensity=T,xlab = "sight", ylab = "Predicted␣
      probability")
8 plsmo(pos_pre$word, y, datadensity=T,xlab = "word", ylab = "Predicted␣
      probability")
```

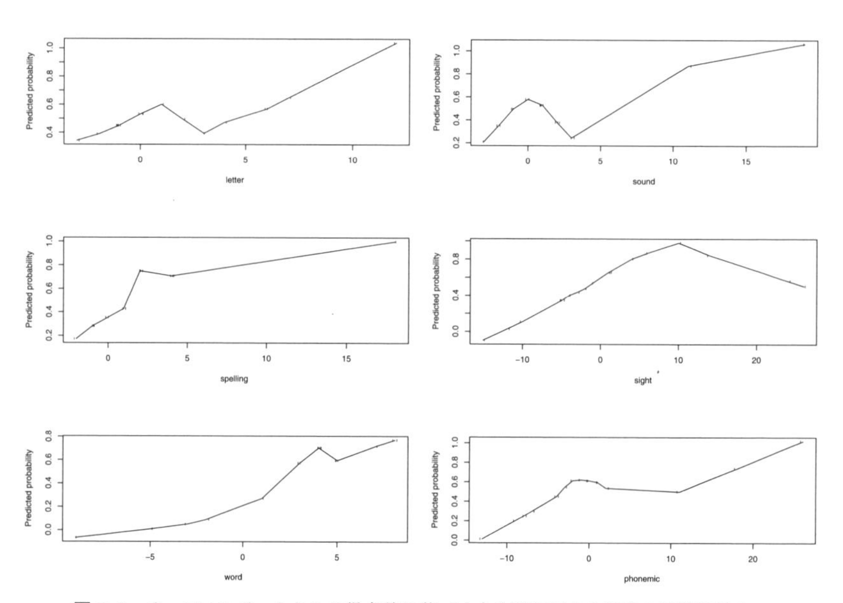

図 6.7 リーディング・スキルの得点差に基づく介入群に属する確率の予測値グラフ

```
9  plsmo(pos_pre$phonemic, y, datadensity=T,xlab = "phonemic", ylab = "
       Predicted␣probability")
10 dev.off()
```

判別分析やロジスティック回帰分析の性能を検討するために，ROC 曲線を求めることがしばしば有効である．ここで奥村氏による ROC() 関数*3) を用いて検討を行う．モデルが機能していないとき ROC 曲線は正方形の対角線となり，このときの ROC 曲線と x 軸の間の面積 AUC は 0.5 となる．AUC の値が 1 に近ければ近いほどモデルの説明能力が高くなる．まず第 1，第 2 主成分スコアに基づくロジスティック回帰モデルの ROC 曲線 (図 6.8) を求めてみよう．

```
1 library(MASS)
2 raw.pc <- prcomp(pos_pre[,2:7]) # 主成分分析
3 pc12 <- data.frame(raw.pc$x, program=pos_pre$program)
4 pc12_logit <- glm(program ~ PC1+PC2, data= pc12, family=binomial(link="
      logit"))
5 par(mar=c(5, 4, 2, 4) + 0.1)
6 ROC(fitted(pc12_logit), as.numeric(pos_pre$program)-1) # ROC 曲線
```

次に示すようにこの場合の AUC は約 0.827 で，誤判別率は $(1+3)/18 \approx 0.222$ となっている．

```
> ROC(fitted(pc12_logit), as.numeric(pos_pre$program)-1)
AUC = 0.8271605 th = 0.4128204
BER = 0.2222222 OR = 16
         Actual
Predicted 0 1
    FALSE 6 1
    TRUE  3 8
```

線形判別法の対応する ROC 曲線 (図 6.9) は次のようにして求めることができる．

```
1 # 第 1，第 2 主成分に基づく線形判別の ROC 曲線
2 raw.pc <- prcomp(pos_pre[,2:7])
3 pc12 <- data.frame(raw.pc$x[,1:2], program= pos_pre$program)
```

*3) https://oku.edu.mie-u.ac.jp/~okumura/stat/ROC.html

```
4 pc12.lda <- lda(program ~ ., data = pc12, prior = c(1,1)/2, CV=TRUE)
5 par(mar=c(5, 4, 2, 4) + 0.1)
6 ROC(pc12.lda$posterior[,2], as.numeric(pos_pre$program)-1)
```

この場合の AUC の値は 0.691 しかなく，また誤判別率 $(2+3)/18 \approx 0.278$ もロジスティック回帰モデルの場合に比べて悪化している.

```
> ROC(pc12.lda$posterior[,2], as.numeric(pos_pre$program)-1)
AUC = 0.691358 th = 0.4283731
BER = 0.2777778 OR = 7
         Actual
Predicted 0 1
    FALSE 6 2
    TRUE  3 7
```

次に word と phonemic に基づくロジスティック回帰の ROC 曲線 (図 6.10) を求める.

```
1 raw_logit <- glm(program ~ word + phonemic, data = pos_pre, family=
      binomial(link="logit"))
2 par(mar=c(5, 4, 2, 4) + 0.1)
3 ROC(fitted(raw_logit), as.numeric(pos_pre$program)-1)
```

この場合の AUC の値は約 0.827 で，誤判別率は $(0+2)/18 \approx 0.111$ である.

```
> ROC(fitted(raw_logit), as.numeric(pos_pre$program)-1)
AUC = 0.8271605 th = 0.4306004
BER = 0.1111111 OR = Inf
         Actual
Predicted 0 1
    FALSE 7 0
    TRUE  2 9
```

word と phonemic に基づく線形判別法の ROC 曲線 (図 6.11) は次のように求める.

```
1 # word, phonemic に基づく線形判別による ROC 曲線
2 raw_wp.lda <- lda(program ~ word + phonemic, data = pos_pre, prior = c
      (1,1)/2, CV=TRUE)
```

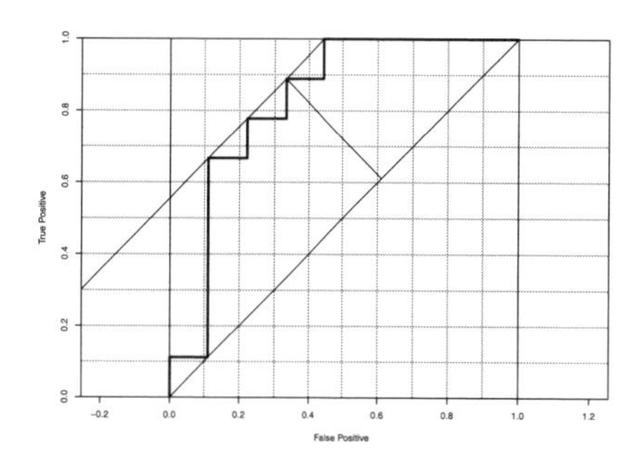

図 **6.8** 第 1，第 2 主成分スコアに基づくロジスティック回帰の ROC 曲線

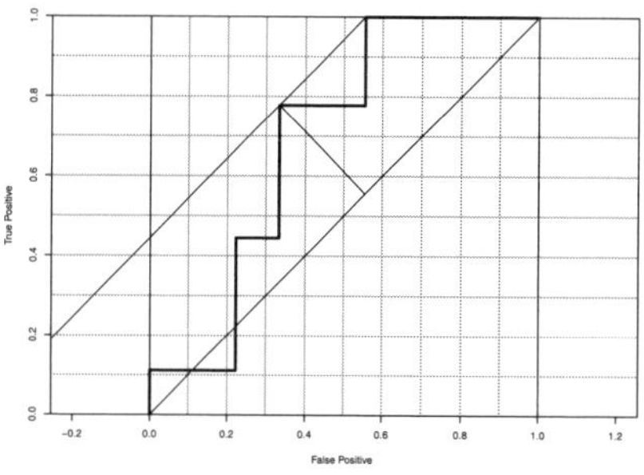

図 **6.9** 第 1，第 2 主成分スコアに基づく線形判別の ROC 曲線

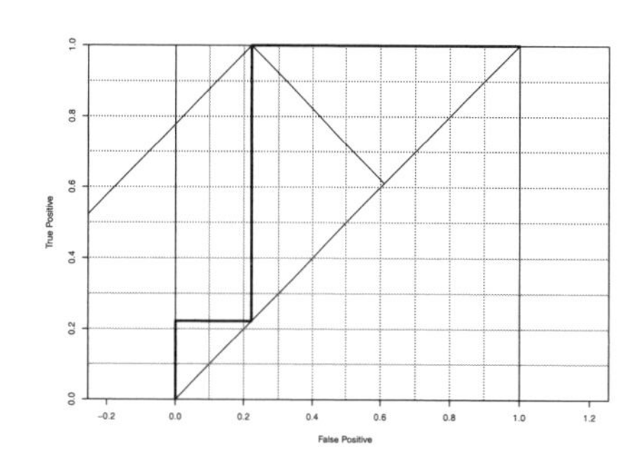

図 **6.10** word と phonemic に基づくロジスティック回帰の ROC 曲線

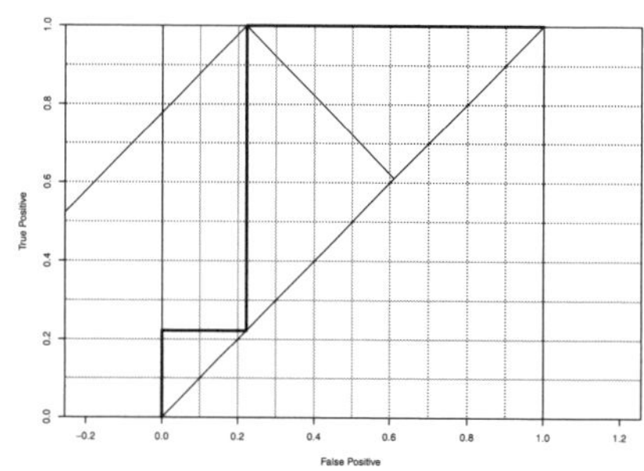

図 **6.11** word と phonemic に基づく線形判別の ROC 曲線

```
3 par(mar=c(5, 4, 2, 4) + 0.1)
4 ROC(raw_wp.lda$posterior[,2], as.numeric(pos_pre$program)-1)
```

この場合の AUC の値と誤判別率はそれぞれ 0.790 と $(1+2)/18 \approx 0.167$ で，対応するロジスティック回帰の性能より若干落ちている．

```
> ROC(raw_wp.lda$posterior[,2], as.numeric(pos_pre$program)-1)
AUC = 0.7901235 th = 0.535878
BER = 0.1666667 OR = 28
         Actual
Predicted 0 1
    FALSE 7 1
    TRUE  2 8
```

あとがき

筆者が一般化線形モデルに初めて触れたのは 1994 年，統計数理研究所に勤めたときの上司である柳本武美教授 (現統計数理研究所名誉教授) が主宰したセミナーであった．あまりにも貧弱な知識しか持ち得なかった私に柳本教授はいつも丁寧に解説をしてくださった．ちょうど同じ時期に江口真透教授 (統計数理研究所) からピーター・マクロー教授の擬似尤度の論文 (Li and McCullagh, 1994) を紹介していただいた．擬似尤度の概念はウェダーバーンによって考案され，ピーター・マクローにバトンタッチされたものであった．それからしばらくの間は擬似尤度の研究に没頭した．

その後，旧文部省の在外研究員の機会も利用し，セミパラメトリック推測や形の統計解析 (shape analysis) などの分野で高名な研究者であるウォータールー大学のクリストファー・スモール (Christopher Small) 教授の指導を直接受けることができた．スモール教授の指導のもとで推定方程式に関するモノグラフ (Small and Wang, 2003) を執筆する機会にも恵まれた．このモノグラフの主要なテーマの 1 つが擬似尤度であった．スモール教授のもとでの研究を勧めてくださったのも柳本教授であった．

時を遡れば，まず私に研究の畑の耕し方を教えてくださった千葉大学名誉教授の田栗正章先生の存在は私にとって非常に大きい．二十数年前に田栗研究室の門を叩いたとき，私は日本語でまともな挨拶さえできなかった．そんな私を先生はいつも暖かく励まし，紳士的で，私が対等な研究者であるかのように接してくださった．先生との出会いがなければ今日までの研究生活を送ることはなかった．この場をお借りして心からの感謝を申し上げたい．

最後に，この本の執筆活動に専念できるよう日々の生活をささえ，応援してくれた妻にも感謝したい．

参考文献

Agresti, A. (2015). *Foundations of Linear and Generalized Linear Models*, Wiley.

Albert, J. H. and Chib, S. (1995). Bayesian residual analysis for binary response regression models, *Biometrika*, **82**, 747–759.

Armitage, P. (1971). *Statistical Methods in Medical Research*, Blackwell.

Breslow, N. E. and Day, N. E. (1980). *Statistical Methods in Cancer Research, Vol. 1: The Analysis of Case-Control Studies*, International Agency for Research on Cancer.

Breusch, T. S. and Pagan, A. R. (1979). A simple test for heteroscedasticity and random coefficient variation, *Econometrica*, **47**, 1287–1294.

Brockmann, H. J. (1996). Satellite male groups in horseshoe crabs, *Limulus polyphemus*, *Ethology*, **102**, 1–21.

Chib, S. (1995). Marginal likelihood from the Gibbs output, *Journal of the American Statistical Association*, **90**, 1313–1321.

Chib, S. and Carlin, B. P. (1999). On MCMC sampling in hierarchical longitudinal models, *Statistics and Computing*, **9**, 17–26.

Cleveland, W. S. (1979). Robust locally weighted regression and smoothing scatterplots, *Journal of the American Statistical Association*, **74**, 829–836.

Cleveland, W. S. (1981). LOWESS: A program for smoothing scatterplots by robust locally weighted regression, *The American Statistician*, **35**, 54.

Cleveland, W. S. and Devlin, S. J. (1988). Locally-weighted regression: An approach to regression analysis by local fitting, *Journal of the American Statistical Association*, **83**, 596–610.

Cochran, W. G. (1934). The distribution of quadratic forms in a normal system, with applications to the analysis of covariance, *Mathematical Proceedings of the Cambridge Philosophical Society*, **30**, 178–191.

Cochran, W. G. (1950). The comparison of percentages in matched samples, *Biometrika*, **37**, 256–266.

Cook, R. D. and Weisberg, S. (1983). Diagnostics for heteroscedasticity in regression, *Biometrika*, **70**, 1–10.

de Finetti, B. (1931). Funzione caratteristica di un fenomeno aleatorio. Atti della R. Academia Nazionale dei Lincei, Serie 6. Memorie, Classe di Scienze Fisiche, Mathematice e Naturale, 4, 251–299.

Deb, P. and Trivedi, P. K. (1997). Demand for medical care by the elderly: A finite mixture approach, *Journal of Applied Econometrics*, **12**, 313–336.

Eaton, J. and Haas, C. A. (1995). *Titanic: Triumph and Tragedy*, W. W. Norton &

Company.

Evett, I. (1991). Implementing Bayesian models in forensic science, *Fourth Valencia International Meeting on Bayesian Statistics.*

Fletcher, J. M. and Lyon, G. R. (1998). Reading: A research-based approach, in Evers, W. M. (Ed.), *What's Gone Wrong in America's Classrooms*, Hoover Institution Press.

Fox, J. (2008). *Applied Regression Analysis and Generalized Linear Models*, 2nd Edition, Sage.

Furniva, G. M. and Wilson, R. W. (1974). Regressions by leaps and bounds, *Technometrics*, **16**, 499–511.

Gelfand, A. E. and Smith, A. F. M. (1990). Sampling-based approaches to calculating marginal densities, *Journal of the American Statistical Association*, **85**, 398–409.

Giess, S. (2005). *Effectiveness of a Multisensory, Orton–Gillingham Influenced Approach to Reading Intervention for High School Students with Reading Disability*, Ph.D. Dissertation of University of Florida.

Gillingham, A. and Stillman, B. W. (1997). *The Gillingham Manual: Remedial Training for Students with Specific Disability in Reading, Spelling, and Penmanship*, Educators Publishing Service, Inc.

Goodman, L. A. (1973). The analysis of multidimensional contingency tables when some variables are posterior to others: A modified path analysis approach, *Biometrika*, **60**, 179–192.

Gough, T. and Tunmer, W. (1986). Decoding, reading, and reading disability, *Remedial and Special Education*, **7**, 6–10.

Greene, W. (1994). Accounting for excess zeros and sample selection in Poisson and negative binomial regression models, *NYU Working Paper No. EC–94–10*, Department of Econometrics, Stern School of Business, New York University.

Haberman, S. J. (1977). Maximum likelihood estimates in exponential response models, *Annals of Statistics*, **5**, 815–841.

Hewitt, E. and Savage, L. J. (1955). Symmetric measures on Cartesian products, *Transactions of the American Mathematical Society*, **80**, 470–501.

Hlavac, M. (2015). Stargazer: Well-formatted regression and summary statistics tables (R package), version 5.2. `http://CRAN.R-project.org/package=stargazer`

Hoeting, J. A., Madigan, D., Raftery, A. E. and Volinsky, C. T. (1999). Bayesian model averaging: A tutorial, *Statistical Science*, **14**, 382–401.

Hosoya, S. and Talib, M. (2010). Pre-service teachers' intercultural competence: Japan and Finland, in Mattheou, D. (Ed.), *Changing Educational Landscape: Educational Practice, Schooling Systems and Higher Education: A comparative perspective*, 241–260, Springer.

Hosoya, S., Talib, M. and Arslan, H. (2014). Finnish, Japanese and Turkish pre-service teachers' intercultural competence: The impact of pre-service teachers' culture, personal experience and education, in Leoncio, V. (Ed.), *Empires, Post-Coloniality and Interculturality: New Challenges for Comparative Education*, 235–250, Sense Publishers.

Jeffreys, H. (1935). Some tests of significance, treated by the theory of probability, *Proceedings of the Cambridge Philosophy Society*, **31**, 203–222.

Jeffreys, H. (1961). *Theory of Probability* (Oxford Classic Texts in the Physical Sciences), 3rd Edition, Oxford University Press.

Joshi, R. M., Dahlgren, M. and Boulware-Gooden, R. (2002). Teaching reading in an inner city school through a multisensory teaching approach, *Annals of Dyslexia*, **52**, 229–242.

Kass, R. E. and Raftery, A. E. (1995). Bayes factors, *Journal of the American Statistical Association*, **90**, 773–795.

Kass, R. E. and Wasserman, L. (1995). A reference Bayesian test for nested hypotheses and its relationship to the Schwarz criterion, *Journal of the American Statistical Association*, **90**, 928–934.

Lambert, D. (1992). Zero-inflated Poisson regression, with an application to defects in manufacturing, *Technometrics*, **34**, 1–14.

Li, B. and McCullagh, P. (1994). Potential functions and conservative estimating functions, *Annals of Statistics*, **22**, 340–356.

Lindley, D. V. and Smith, A. F. M. (1972). Bayes estimates for the linear model, *Journal of the Royal Statistical Society*, B, **34**, 1–41.

Lyon, G. R. (2004). Does balanced literacy equal comprehensive reading instruction? Paper presented at the meeting of the International Dyslexia Association, Philadelphia, PA.

Martin, A. D., Quinn, K. M. and Park, J. H. (2011). MCMCpack: Markov chain Monte Carlo in R, *Journal of Statistical Software*, **42**, 1–21. `http://www.jstatsoft.org/v42/i09/`

Martin, A. D., Quinn, K. M. and Park, J. H. (2015). Package 'MCMCpack'. `https://cran.r-project.org/web/packages/MCMCpack/MCMCpack.pdf`

McCullagh, P. and Nelder, J. (1989). *Generalized Linear Models*, 2nd Edition, Chapman and Hall.

Metropolis, N., Rosenbluth, A., Rosenbluth, M., Teller, A. and Teller, E. (1953). Equations of state calculations by fast computing machines, *The Journal of Chemical Physics*, **21**, 1087–1092.

Nelder, J. and Wedderburn, R. (1972). Generalized linear models, *Journal of the Royal Statistical Society*, A, **135**, 370–384.

Palmgren, J. (1981). The Fisher information matrix for log linear models arguing conditionally on observed explanatory variable, *Biometrika*, **68**, 563–566.

Pearson, K. (1900). On a criterion that a given system of deviations from the probable in the case of a correlated system of variables is such that it can be reasonably supposed to have arisen from random sampling, *Philosophical Magazine*, **50**, 157–175.

Pearson, K. (1930). *The Life, Letters and Labors of Francis Galton*, Cambridge University Press.

Pena, E. A. and Slate, E. H. (2006). Global validation of linear model assumptions, *Journal of the American Statistical Association*, **101**, 341–354.

Plackett, R. L. (1981). *The Analysis of Categorical Data*, Griffin.

Pringle, R. and Rayner, A. (1971). *Generalized Inverse Matrices with Applications to Statistics*, Hafner.

Raftery, A. E., Madigan, D. and Hoeting, J. A. (1997). Bayesian model averaging for linear regression models, *Journal of the American Statistical Association*, **92**,

179–91.

Robelen, E. W. and Bowman, D. H. (2004). Bush outlines plan to help older students, *Education Week*, **23**, 22–24.

Robert, C. and Casella, G. (2011). A short history of Markov chain Monte Carlo: Subjective recollections from incomplete data, *Statistical Science*, **26**, 102–115.

Schwarz, G. E. (1978). Estimating the dimension of a model, *Annals of Statistics*, **6**, 461–464.

Seber, G. A. F. and Lee, A. J. (2003). *Linear Regression Analysis*, 2nd Edition, John Wiley & Sons, Inc.

Shaywitz, S. E. (2003). *Overcoming Dyslexia: A New and Complete Science-Based Program for Reading Problems at Any Level*, Knopf.

Small, C. G. and Wang, J. (2003). *Numerical Methods for Nonlinear Estimating Equations*, Clarendon Press.

Tierney, L. and Kadane, J. B. (1986). Accurate approximations for posterior moments and marginal densities, *Journal of the American Statistical Association*, **81**, 82–86.

Vellutino, F. R., Fletcher, J. M., Snowling, M. J. and Scanlon, D. M. (2004). Specific reading disability (dyslexia): What have we learned in the past four decades? *Journal of Child Psychology and Psychiatry*, **45**, 2–40.

Venables, W. N. and Ripley, B. D. (2002). *Modern Applied Statistics with S*, 4th Edition, Springer.

Vuong, Q. H. (1989). Likelihood ratio tests for model selection and non-nested hypotheses, *Econometrica*, **57**, 307–333.

Wagner, R., Torgesen, J. and Rashotte, C. (1999). *Test of Word Reading Efficiency*, PRO.ED, Inc.

Wedderburn, R. W. M. (1976). On the existence and uniqueness of the maximum likelihood estimates for certain generalized linear models, *Biometrika*, **63**, 27–32.

Wilkinson, G. N. and Rogers, C. E. (1973). Symbolic descriptions of factorial models for analysis of variance, *Applied Statistics*, **22**, 392–399.

Woodcock, R. W., McGrew, K. S. and Mather, N. (2001). *Woodcock Johnson III Achievement Test*, Riverside Publishing.

Zeileis, A., Kleiber, C. and Jackman, S. (2008). Regression models for count data in R, *Journal of Statistical Software*, **27**, 1–25.

粕谷英一 (2012). 一般化線形モデル (R で学ぶデータサイエンス 10), 共立出版.

国友直人 (2015). 応用をめざす数理統計学 (統計解析スタンダード), 朝倉書店.

久保拓弥 (2012). データ解析のための統計モデリング入門：一般化線形モデル・階層ベイズモデル・MCMC, 岩波書店.

古澄英男 (2008). マルコフ連鎖モンテカルロ法入門 (21 世紀の統計科学 第 III 巻, 第 10 章), 日本統計学会 HP 版.

McCulloch, C. E., Searle, S. R. and Neuhaus, J. M (著), 土居正明 他 (訳) (2011). 線形モデルとその拡張, シーエーシー.

南 美穂子, Lennert-Cody, C. E. (2013). ゼロの多いデータの解析：負の 2 項回帰モデルによる傾向の過大推定, 統計数理, **61**, 271–287.

索　　引

adjusted dependent variate　52
adjusted R-squared　30
AIC　64, 144
Akaike's information criterion　144
analytic phonics　177
ANCOVA　179
apparent error rate　192
area under the curve　74
AUC　74, 199
autocorrelation　132
autocorrelation plot　159, 162

Bayes factor　141
Bayesian information criterion　144
Bayesian linear model　145
beta-binomial distribution　58
BIC　144
BRSS　176
BRSS 教材　177

canonical link function　2
canonical parameter　2
case-deletion diagnostics　140
clustering sampling　57
Cochran's Theorem　151
coeffecients　30
colony　57
conjugate prior distribution　127
Cook's distance　37, 40
coverage probability　138
credible interval　138
cumulant generating function　8

de Finetti の定理　133, 137
density plot　159
deviance　6
dispersion parameter　2, 57
dummy variable　15
dyslexia　175

effective degrees of freedom　85
epiphany　131
exchangeable　133
extrapolation　59

F 統計量　30
F-statistic　30
factor　149
Fieller の方法　60
Fisher scoring　4
fitted value　37, 52

generalized Durbin–Watson statistic　43
Gibbs sampling　131
goodness-of-fit statistic　54

hat matrix　40
heteroscedasticity　37
hierarchical prior distribution　128
highest posterior density interval　138
hill running　24
homoscedasticity　36, 39
household　57
hyperparameter　125

improper prior distribution　126
incidence matrix　18
incidence vector　14

incidental parameter 88
indicator variable 15
information matrix 5
integrated likelihood 142
interaction 15
inverse chi-squared distribution 152
iteratively reweighted least squares 4

Jeffreys prior distribution 127

kurtosis 41

Laplace approximation 162
leaps and bounds algorithm 78
lever 39
leverage 37, 39
likelihood ratio 5
litter 57
LOWESS 平滑化曲線 28
LOWESS smoother 28

main-effects model 15
Markov chain Monte Carlo 130
MCMC 130
Metropolis–Hastings 131
model averaging 145
model checking 140
multinomial response model 85
multiple correlation coefficient 31
multiple R-squared 30

normal equation 23
normal Q-Q plot 37
normalization constant 125

O–G メソッド 176, 177
objective prior distribution 126
one-way ANOVA 149
Orton–Gillingham method 176

path model 89
phonemic 189
posterior distribution 125
predictive distribution 125
principal component analysis 188
principal components 188
prior distribution 124
proposal density 131
prospective study 48

quantile 39

R の関数
  anova() 34
  apply() 63
  BayesFactor() 163, 173
  bestglm() 67, 78, 100, 110, 195, 196
  caterplot() 157
  confint() 33
  contour() 195
  cut() 186
  denoverplot() 157, 167, 168
  durbinWatsonTest() 43
  expand.grid() 195
  factor() 75
  ggplot() 104, 108, 116
  glm() 66, 73, 98, 109, 121, 193, 195, 199, 200
  glm.nb() 101, 104, 111, 117
  gvlma() 42
  invisible() 77
  lda() 75, 194, 200
  legend() 195
  lm() 29, 182, 183, 185, 186
  manova() 185
  MCMClogit() 165–167, 170
  mcmcplot1() 159, 170
  MCMCpoisson() 164–166
  MCMCregress() 155, 159, 162
  ncvTest() 43
  pairs() 28
  par() 37
  partimat() 192
  pchisq() 99, 116, 121
  plot() 36
  plsmo() 72, 198
  postscript() 37
  prcomp() 193, 194, 199
  predict() 75, 117, 121, 195
  ROC() 74, 199–201

roc() 76, 77
rzipois() 115
sample() 77
stargazer() 27
step() 34, 35, 64, 67, 68, 78, 112, 166, 195, 196
stepAIC() 34
summary() 29, 30
text() 195
vuong() 120
with() 96
within() 95
xtable() 27, 29
zeroinfl() 117–119, 122
R のパッケージ
bestglm 67, 78, 100, 110, 195
car 43
ggplot2 116
gvlma 41
Hmisc 72
klaR 192
MASS 75, 101, 111, 194
MCMCpack 155, 164
mcmcplots 156
pscl 117, 118, 122
stargazer 27
VGAM 115
xtable 27
rank-deficient 24
residual 37
residual autocorrelation 43
residual standard error 30
residual sum of squares 6
retrospective study 48
ROC 曲線 74, 199
running mean plot 159, 162

saturated model 5
Schwarz の基準 144
Scottish Hill Runners Association 25
sensitivity 39
sensitivity analysis 140
simple linear regression 39
skewed 41
solution locus 19
SSR 34
standardized residual 37, 39
stationary distribution 130
stochastic process 130
subjective prior distribution 126
sum of squared residuals 34
synthetic phonics 177

t 検定 179
Test of Word Reading Efficiency 179
trace plot 159
two-way classification model 18

unimodal distribution 138

Vuong 検定 119, 123

Wald test 5
weighted least-squares estimate 4
white noise 37
Woodcock Johnson III Achievement Test 177
working dependent variable 4

zero-inflated 114

あ　行

赤池情報量規準 144
当てはめ値 52
アナリティック・フォニックス 177

一元配置分散分析 149
1 次交互作用モデル 15
逸脱度 5, 6, 53, 82
一般化逆行列 24
一般化線形モデル 1
一般化ダービン・ワトソン統計量 43
移動平均プロット 159, 162
異文化感受性データ 60
医療費支出実態調査データ 106
因子 149

後ろ向き研究 48
うなぎ登りアルゴリズム 78

エピファニー 131

重み付き最小 2 乗推定量 4
音素分析力 189

か 行

回帰診断 36
回帰平方和 22
外挿 59
階層的事前分布 128
解の軌跡 19
拡散事前分布 126
拡散母数 2, 57
確率過程 130
仮説検定 5
片側有意水準 86
カブトガニ・データ 94
過分散 56, 83
感度 39
感度解析 140
ガンマ分布 3

規格化定数 125
擬似尤度 90
擬似尤度推定量 93
擬似尤度方程式 92
ギブスサンプリング法 130–132
逆 χ^2 分布 152
逆ガンマ分布 152
逆正規分布 3
客観的事前分布 126
キュムラント母関数 8
共分散分析 179
共役事前分布 127

クックの距離 32, 37, 40
クラスタリングサンプリング 57

交換可能 133
交換可能性 133, 136
交換可能な処置効果モデル 147
交互作用 15
コクランの定理 151
個体除去診断 140
混合項 16

さ 行

最高事後密度区間 138
最小 2 乗推定量 148
採択確率 132
最尤推定 4, 50
魚釣りデータ 120
作業従属変数 4
残差 37
残差 2 乗和 34
残差自己相関 43
残差対予測値プロット 37
残差平方和 6, 21, 22
散布図 28

ジェフリーズの事前分布 127
事後確率 150
事後精度行列 150
自己相関 132
自己相関プロット 159, 162
事後分布 125
指数分布族 1, 2
事前分布 124
質的共変量 14
重決定係数 30
重相関係数 31
集団 57
周辺分布 130
周辺尤度 141
主観的事前分布 126
主効果モデル 15
主成分 188
主成分分析 187, 188
情報行列 5
シンセティック・フォニックス 177
信用区間 138, 150
信頼区間 138
信頼係数 138

推定方程式 18
スコットランド・ヒル・ランニング 24
スパースデータ 55

正規 Q-Q プロット 37, 39
正規性の仮定 41

正規分布　3–7, 12
正規分布の仮定　12
正規方程式　23
正準母数　2
正準連結関数　2
精度　147
積分尤度　142
世帯　57
接合行列　18
ゼロ過剰負の 2 項分布モデル　115
ゼロ過剰ポアソンモデル　114
線形性の仮定　41
線形単回帰　39
線形モデル　12, 181
線形モデルの仮定　41
線形予測子　1, 12
前進的選択法　35
尖度　41, 42

相関行列　28
総平方和　22

た　行

第 1 主成分　188
対数線形モデル　81, 98, 108
タイタニックの遭難データ　69
第 2 主成分　188
多項反応モデル　85, 87
多変量 t 分布　153, 154
ダミー変数　15
単峰分布　138

調整済み決定係数　30
調整済み従属変数　52
超母数　125

提案分布　131
定常分布　130
ディスレクシア　175
適合度統計量　19, 54
てこ　39
テストデータ　76

同時多感覚教授法　175
同腹　57
等分散の仮定　41
トレースプロット　159
トレーニングデータ　76

な　行

2 因子交互作用モデル　15
2 因子分類モデル　18
2 項分布　3, 44, 128

は　行

ハイパーパラメータ　125
白色雑音　37
パスモデル　89
ハット行列　40
反復加重最小 2 乗法　4
判別分析　192

非正則一様分布　153
非正則拡散事前分布　153
非正則事前分布　126, 153
被覆確率　138
標識変数　15
標準化残差　32, 37, 39, 40
標準化残差対予測値プロット　39
標準化残差対レバレッジプロット　39
ヒル・ランニング　24
頻度論　138

フィッシャー情報行列　5, 51
フィッシャー情報量　20
フィッシャーのスコア法　4, 8
フィッシャーの線形判別分析　192
ブートストラップ p 値　43
負荷量　188
付随ベクトル　14
付随母数　88
負の 2 項分布モデル　101, 111
ブルーシュ・ペイガン検定　43
フルランク　24
プロビット関数　47
分位数　39
分散の均一性　36, 39
分散の不均一性　37
分散分析　22

ベイズ因子　141, 143, 162, 163, 170
ベイズ情報量規準　144
ベイズ的ポアソンモデル　165
ベイズ的ロジスティックモデル　165
ベイズの定理　125
ベイズ流一元配置分散分析　149
ベイズ流一般化線形モデル　124, 164
ベイズ流線形モデル　145, 147, 152
ベイズ流モデル検査　140
ベータ 2 項分布　58
ベータ分布　128
変数選択　24
変数増加法　35

ポアソン回帰　9
ポアソン分布　3, 9, 81
飽和モデル　5
ポリアの壺モデル　134
ホワイトノイズ　37

ま　行

前向き研究　48
マルコフ連鎖モンテカルロ法　130

見かけ上の誤判別率　192
密度関数プロット　159

無相関の仮定　41

メトロポリスチューニングパラメータ　165
メトロポリス・ヘイスティングス法　131, 132

モデル検査　140
モデルの平均化　144

や　行

有意性検定　139
有効自由度　85
尤度比　5
尤度比検定　5

要因　149
予測確率　142
予測値　37
予測分布　125

ら　行

ラプラス近似　162

リーディング障害　175

レバレッジ　37, 39
連結関数　1, 12
連続的共変量　14
連続補正　45

ロジスティック回帰　7
ロジスティック回帰分析　73, 193
ロジスティック回帰モデル　46
ロジット関数　46

わ　行

ワルド検定　5

著者略歴

汪　金芳（わん　じんふぁん）

1963年　中国に生まれる
1994年　千葉大学大学院自然科学研究科博士課程修了
現　在　千葉大学大学院理学研究科教授
　　　　博士（理学）

統計解析スタンダード
一般化線形モデル　　定価はカバーに表示

2016年8月10日　初版第1刷

著　者　汪　金芳
発行者　朝倉誠造
発行所　株式会社　朝倉書店
東京都新宿区新小川町6-29
郵便番号　162-8707
電　話　03(3260)0141
FAX　03(3260)0180
http://www.asakura.co.jp

〈検印省略〉

中央印刷・渡辺製本

ISBN 978-4-254-12860-4　C 3341　Printed in Japan